有些路啊 走下去才知道有多美

YOUXIE LU A, ZOUXIAQU CAI ZHIDAO YOU DUO MEI

【韩】 金寿映◎著

River Tree◎译

北方妇女儿童出版社

图书在版编目（CIP）数据

有些路啊，走下去才知道有多美 / (韩) 金寿映著；
River Tree 译 . —— 长春：北方妇女儿童出版社，2015.5
ISBN 978-7-5385-8269-7

Ⅰ.①有… Ⅱ.①金… ②R… Ⅲ.①人生哲学 – 通俗
读物 Ⅳ.① B821-49

中国版本图书馆 CIP 数据核字 (2015) 第 007418 号

당신의 꿈은 무엇입니까
Copyright © 2012 by Su Young Kim
All rights reserved.
Simplified Chinese copyright © 2015 by ManBanpai Culture, Beijing Co., Ltd.
This Simplified Chinese edition was published by arrangement with DREAM PANORAMA
through Agency Liang
著作权合同登记号：图字 07-2015-4459 号

出 版 人	刘 刚	
出 版 统 筹	师晓晖	
策 划	马百岗	
责 任 编 辑	张晓峰 苏丽萍	
开 本	710mm×1000mm	1/16
印 张	21.5	
字 数	300 千字	
印 刷	北京盛华达印刷有限公司	
版 次	2015 年 5 月第 1 版	
印 次	2015 年 7 月第 2 次印刷	

出 版	北方妇女儿童出版社
发 行	北方妇女儿童出版社
地 址	长春市人民大街 4646 号
邮 编	130021
电 话	编辑部：0431- 86037512
	发行科：0431-85640624

定 价：39.80 元

PREFACE

·

前言

有些路啊,
走下去才知道有多美

"姐姐,你的人生……真是奇迹啊。我也有很多梦想,但实际上……"

她的话说不下去了。原本低着头忙签名的我,暂时将笔停下来抬头望着她的脸。她看起来二十岁左右,眼睛里充满着泪水,好像轻轻一碰就会如下雨般的落下。她那隐含着很多痛苦与梦想的双眼,让我想起自己过去三十余年所经历的两种人生。

我家庭清寒,在学校经常受到排挤,在十二岁的时候我就曾想过自杀;我希望成为有存在感的人,所以十五岁就当上了大姐大,在数不清次数的打架与飚车族生活中,全身无一处是没有伤痕的。因为讨厌那些老是骂我并且叫我赶快退学的老师们、酗酒的爸爸与"爱哭鬼"妈妈,我离家出走过三次,在外面过了三个月"流浪"生活。后来,借着通过鉴定考试的机会我进了职校。

曾在电视上的猜猜看节目里得到第一名的我,最后上了名牌大学,并在一家主流报社以最年轻的网络记者身份,得到年度最优秀报道文章奖;大学毕业就踏入高盛集团(Goldman Sachs)工作;于英国拿到硕士学位后,又进入英国荷壳牌公司(Royal Dutch Shell),领着近百万人民币的年薪,还到世界五十多个国家旅行、跳舞,过着如梦般的人生。

就是这样,我所经历的是天壤之别的两种人生,要是只看结果,可以说是一种奇迹。然而,过去悲惨的人生与现在幸福的生活之间,能填补当中间隙的就是梦想。尤其是被诊断得了癌症后，我开始写下的七十三个梦想，让自己的人生有了一百八十度大转变，不再是一天又一天的活着，而是怀着梦想并努力实现梦想的活着。

罗马哲学家爱比克泰德（Epictetus）说过："先告诉自己你想成为什么样的人，然后就去做该做的事。（First say to yourself what you would be; and then do what you have to do.）"就像他所说的，我先写下"想成为的那个人（梦想）"，之后去做"该做的事（现实）"。即使看起来不可能实现或像是白日梦般的梦想，我也会为之挑战又挑战，于是，很多梦想如奇迹般的成真了：我累积了国外的工作资历、为父母买了房子、爬上了乞力马扎罗山、登上了歌舞剧表演舞台……

由于我希望更多人寻找并成就梦想，因此，在2010年写了《别停下来，重新写梦想》这本书。此后，每天我都收到几十封电子邮件，其中有人是在偶然经过书店时，不经意地翻阅了我的书，却读到浑然不觉时间过去，不过他的车子却已经被拖走，还被罚款；有人为了奉养父母而从事着自己不喜欢的工作，所以内心备感折磨，但看完我的书之后，决定要出国留学了；也有人说，在想要自杀之前偶然看到了我的书，所以决定重新来过……还有一些人经历过令人难以置信的奇迹。当兵时，伤过脊椎的人，在写下梦想清单后，竟然开始能走路了；因癌症带走了父亲，自己本人也病倒，在住院期间写下梦想清单就开始去做，向自己一直很想做的事情挑战，最后以医生们不敢相信的速度恢复健康……

这些不是奇迹，因为做梦就等同于寻找生命的目的，向梦想挑战就是发现向这个目的前行的自己。忙着朝梦想前进

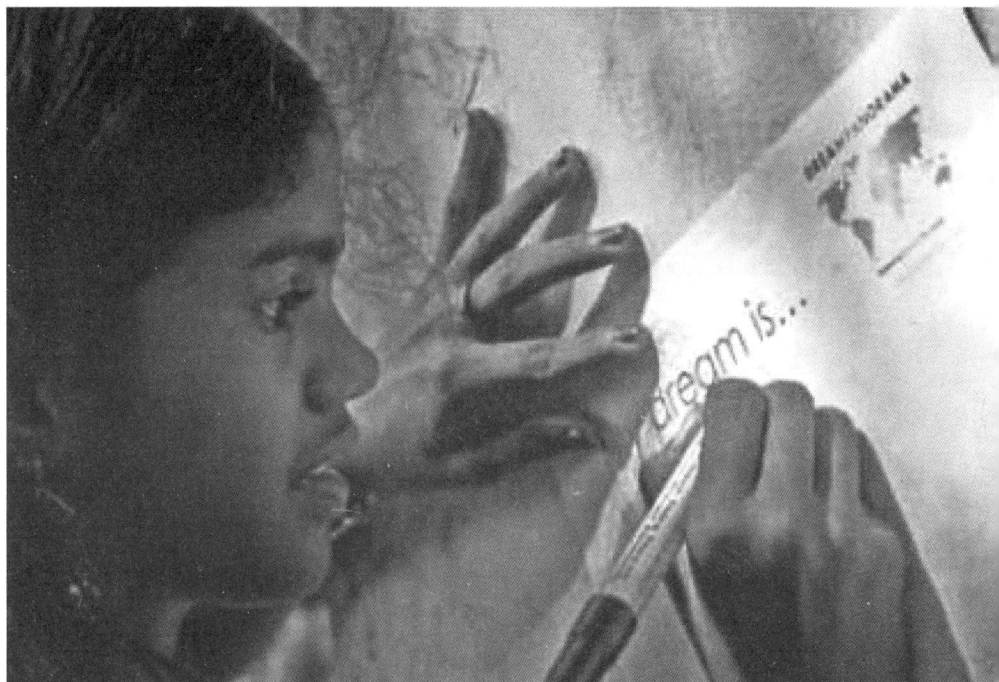

筑梦等同于寻找生命的目的。忙着向梦想前进的
人，连生病或忧郁的时间都没有

的人，哪有闲工夫生病或忧闷。

眼泪汪汪的她问我：

"这种奇迹……也……也会发生在我身上吗？"我握住了这个投影出我两段人生的女孩的手，看着她的双眼说：

"奇迹……会降临在相信的人身上。确切一点讲，当你向往着希望得到的人生并为此努力的时候，离憧憬的未来就更近一步，而这就是你的'梦想'。别把梦想硬塞在现实的框框里，而是要把现实放入梦想的格子里。"

她拭着眼泪、连连鞠躬道谢，然后消失于签名会的人群里。虽然下一个排队的人已将书摆在我面前，但是我的心却还留在那女孩身上。她的梦想到底是什么？又经历了什么样的人生故事呢……

. . .

"我也有梦想，只不过我的现实生活实在是太黑暗。你觉得我这种人还能实现梦想吗？"

每天塞得满满的电子信箱里，许多被现实压抑的人呻吟着。我当初之所以写书是为了让大家知道，只要有梦想就能够克服各种考验，但或许我的话不够有说服力吧，有些妈妈们甚至拿我的书来骂孩子：

"连在这么困难的情况下，她都用功读书成功了。看看你，什么都有，却为什么老是这样啊？"

后来这些孩子们向我抱怨说：

"我也知道应该有个梦想，可是我真的不知道自己到底想要什么。怎么办啊？"

2011年5月在首尔举办的"梦想全景图"启程活动

自己放弃梦想，却强迫孩子非得有梦想不可的爸爸妈妈们、在自己的梦想与别人的梦想间彷徨犹豫的许多年轻人、自暴自弃认定一切都已经太迟并且"现实生活像一摊烂泥沼"的人、遵循以"该做的事（现实）"来决定想成为什么（梦想）"的人……面对社会中绝大多数这样子的人，我能做什么呢？

　　最初，我考虑过尽量为他们提供建议，不过针对上千个人，一个一个提供咨询是不可能的。另外，倘若活在地球上的每个人，出生时都带着称之为梦想的种子，那么人生的过程就要从这颗种子发芽、冒出青绿的梗、成为直挺大树、开出花朵来，这朵花将变成果实，从果实里生出更多种子、再成为另一棵树。过程中需要水、土壤、阳光。然而，因为我自己也仅仅只是一棵正蓬勃成长的树，所以没有足够与所有人分享的水、土壤和阳光。

　　我的结论是，虽然自己不能为他们的人生提供解决方案，可是依然能带给他们一些启发，也就是用梦想的种子，帮助他们自行寻找解答。现今地球上活着的人已有七十亿人之多，活着的方式也像人口数一样的多，但是，我拥有的梦想种子却不到一百个。

　　懊恼许久后，脑中忽然浮现一个疑问："这世界人口如此之多，而人们到底有些什么样的梦想呢？"为了这个问题绞尽脑汁地思考，结果想到不如"借着在地球四处旅行的同时，将所遇见的人的梦想拍下来"，虽然生活背景、生活方式，以及所面对的问题，人人皆不同，但事实上大家都有自己的梦想，为了实现这些梦想，不管处境如何，都在一直努力中。若是看到这些，是不是能让面对梦想感到挫折的人得到力量呢？

"将在这个地球上存在的几万个梦想，用全景图的方式串联起来吧！"

在三百六十五天里，从伦敦到首尔，我要采访三百六十五个人，将他们的梦想放在网络上直播。我最主要的目的是希望通过他们的故事，为没有梦想的人提供几百种的可能性；为有梦想但在现实的高墙前感到挫折的人，提供启发，让他们领悟"世界上有人这样为了梦想而挑战，我也不应该放弃"。接着，我想在十年后再度去找他们，问问他们是如何达成梦想的，若是没有达成也要问理由是什么。还有，在这为期一年的旅程里，我也想逐一挑战自己写下的七十三个梦想，与世界各地的人分享。

若将这个计划用一句话来表达，是不是"认识、分享、实现梦想"呢？就这样，我开始企划"梦想全景图"了。在完成向公司申请停薪留职，把在英国所有的生活整理妥当之后，我就上路了。为了找寻散布在世界各地的梦想种子。

. . . .

| 认识梦想 |

从2011年6月3日起，到2012年6月1日结束的三百六十五天当中（2012年的2月有二十九天），除了地铁、公交车、汽车、飞机、火车等大众运输之外，也利用摩托车式的出租车、自行车式的出租车、人力车、马车、骡子车、骆驼、耕耘机、热气球、小飞机等交通工具，在二十四个国家、九十二个都市之间行动，平均每隔四天就会在新的地点起床。我面对从四岁到八十七岁、六十七种不同国籍的三百六十五个人，询问他们的梦想是什么。

为了访问这些人，我从炎热、气温超过摄氏50度的阿布扎比沙漠，奔波到海拔五千米以上的圣母峰登山基地；在工地与工人们一起搬运石头、在入学面试场合里讨论一个国家的未来、想拯救人口贩卖受害者而进入私娼区、

若将梦想全景图计划用一句话来表达，是不是"认识、分享、实现梦想"呢

跟着想成为飞行员的人一起坐上小飞机、在电视谈话节目上唱阿拉伯语歌曲、在国外三十余个言论媒体里被介绍甚至还有六个人半开玩笑地向我求过婚。

　　整个过程中，我认识了乞丐、王族、妓女、修女、巴勒斯坦难民与以色列军人等人，以及热气球驾驶、大象饲养员等独特职业的人。当我看着周遭这平凡又独特的三百六十五个人的人生，在这些人生里让我领悟，即使人生没有标准答案，但只要了解自己的梦想并去追求，就很幸福。失去声带却仍开演唱会的人、饶恕虐待自己十一年的人、七次经过生死关头却仍为了和平而努力的人……这些奇迹般的人生让我感受到，在充满黑暗的宇宙里，只要将人类闪烁的梦想聚集起来，就能如太阳般照亮整个地球。我们活着的这个地球因为有梦想而美丽。

　　| 实现梦想 |

　　正如有句话说："当我梦想成真，就会成为别人的梦想。"在我询问别人梦想的同时，我也想要挑战新的梦想，并将过程与其他人分享。我挑战过十个梦想，最后实现了九个：与妈妈一起到圣地巡礼之旅，在地中海学了游艇航海术。还有原本很多人认为荒谬的，在宝莱坞（Bollywood）电影里，我演过小角色，而且还不止一部，是两部电影。另外，我登上了圣母峰登山基地、获得瑜伽教练资格证、学了泰式按摩法，也学了中文与武术。

　　在挑战各种梦想一个接一个的过程里，我发现了自己许多的不足之处，不过既然是赐给我短时间内、有限的机会，我就使出全力从中获得成就感，希望这些过程能带给害怕挑战的人一些最起码的鼓励。

| 分享梦想 |

我为了与更多人分享梦想而到处奔波：在首尔、伦敦、拿波里开了欢乐的"梦想派对"；在巴勒斯坦的难民村、尼泊尔与印度的孤儿院、泰国的青少年辅导中心办了"梦想工作坊"。旅行结束后，到首尔市政府前的广场与光化门附近，进行了"梦想游行"。也认识了一位幸福教练，向她学习幸福；向在圣母峰山坡上认识的摄影师学到了梦想的秘密；在七十四岁开第一次个人展览的奶奶身上，学到令人感动的领悟——"每个瞬间要活得像人生的最后一秒"。日子没有一天是相同的，这个旅程本身就是不断地学习、分享与感受惊喜。

在这个过程中，有几个梦想已经成真了。曾说想要拥有一个很大的熊娃娃的五岁小朋友，真的从邻国收到了一只大型的泰迪熊娃娃；梦想自由、开设地下工作室的一对伊朗男女，后来得到全额奖学金就前往澳大利亚了；一位男生勇敢地告白："我想与这个女人度过一生"，在三个月之后结婚，实现了梦想。过去一年里，能发生这么多事情，那么往后的十年间还会发生多少奇迹呢？

执行这项计划当然绝对是不容易的。高山症让我与死神搏斗了四十八小时，因缺钱所以饿肚子，牛突然闯进马路而遭遇交通事故，被五只狗一起攻击，与警察展开追逐战……还有，在人生地不熟的都市里被扒窃让我十分沮丧；被信任的人背叛，导致我得了忧郁症，体重瘦了五千克；如电影般美丽的爱也曾被破坏。只是，每逢经历这些苦痛时，也会从意料不到的人那里得到帮助，找到新的机会、也认识了更强大的自己。

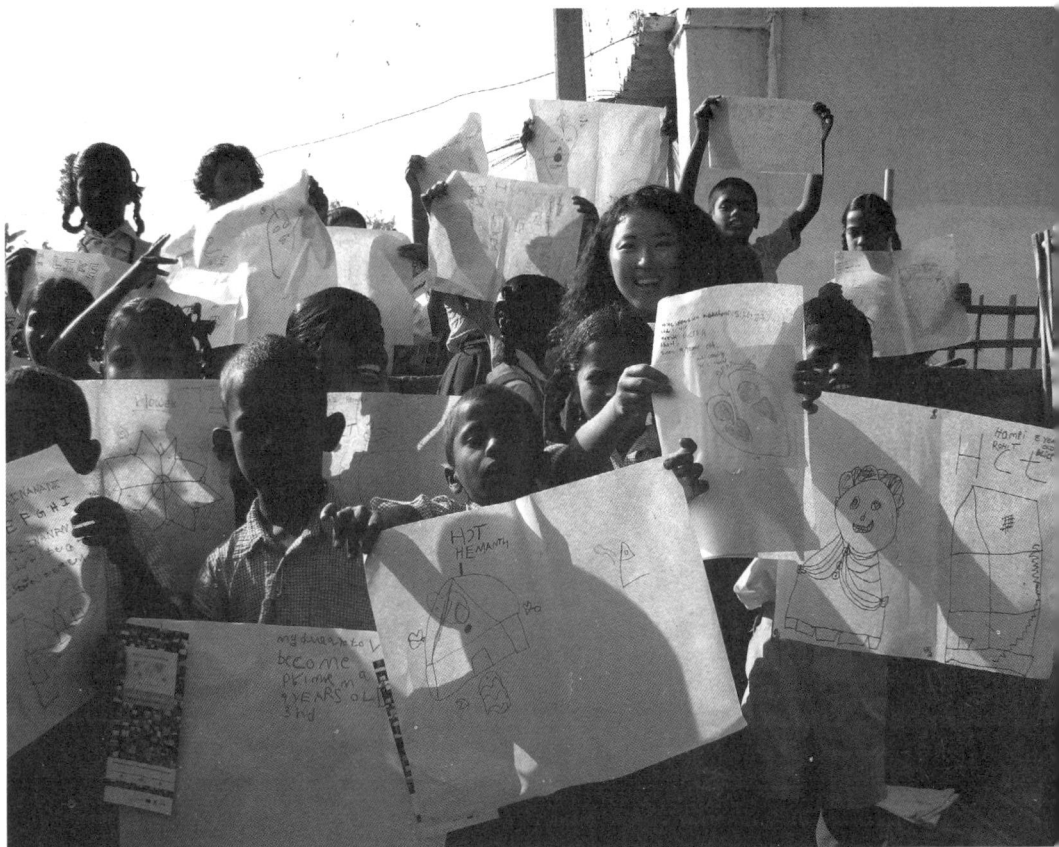

在难民村、孤儿院、青少年辅导中心等地开办了"梦想工作坊"来分享梦想。在印度的孤儿院与小朋友们合照

我将过去的一年当作人生的最后一年，积极地倾听别人的人生故事与梦想，也为了自己的梦想勇敢挑战。若处在平凡日子，可能要花十年才能经历完这些事，而我在过去的一年便都完成了；我也因为常常太激动使血压升高，连身上的肌肉都足足多了一倍。走过最多苦与乐的这一年，我想与你分享三百六十五个人生所传达出的感动与领悟、幸福与痛苦、欢乐与悲哀的故事。

目录
Contents

目录
Contents

INTRO

·

引子

就算茫然与不安，
依然坚持前行

"我疯了！当初为什么想要去登乞力马扎罗山！"

我为了实现第三十四个梦想，决定攀登乞力马扎罗山，但在登山还不到两个小时，便开始骂起自己来。说到山，连家附近的小山都没爬过的我，竟然决定要登上五千八百九十五米的非洲最高峰，不知道到底是怎么想的，只能说就是疯了。

其实脚痛与全身酸痛算不得什么。那场从爬山一起步就下起的暴雨，持续了两个小时完全没有停过，当初为了想省点钱，在坦桑尼亚的莫希借的防水登山靴、包包与外衣，在大雨里不到十分钟就全部湿透了。

到处大大小小的水坑让我的脚一直陷进去，也好几次跌倒在泥潭上，像是快要感冒似的不断地打喷嚏，接着，由于察觉身体状况有点不对，才错愕地发现"大姨妈"来了，然后，又因为看到肮脏不已的厕所而大惊失色。一路到此，已经有一对男女放弃，决定下山回家了。

"我是不是也应该放弃而直接下山？"在原本最初之时，一切都很浪漫的展开。十月，吹着秋风的某天早上，在一如往常开车上班的路上，我听到古典广播电台播放的维瓦第（Vivaldi）《四季——冬》。想到再过几个月就要来临的冬天，我也即将满三十岁了，不知不觉中我叹了口气。我想为自己一路奋斗过来的二十几年光阴，送上一份特别的礼物，因此曾经考虑要不要到加勒比海，徜徉在祖母绿的海水里。

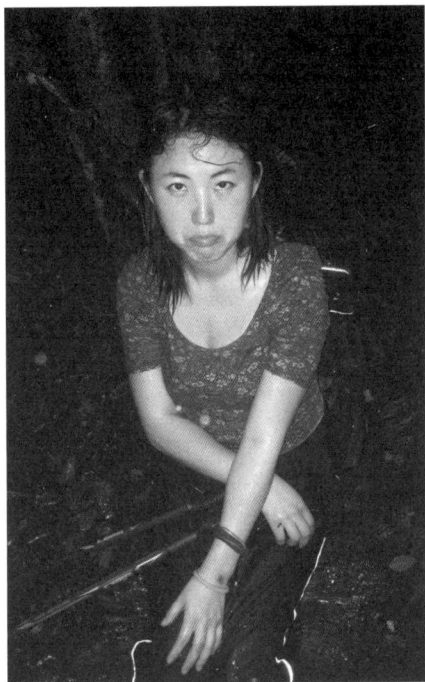

我决定在二十几岁的最后一天，登上非洲最高峰乞力马札罗山山顶，当作送给自己的一个特别礼物。但是，才刚刚起步就下起暴雨，不到十分钟，全身就完全湿透了

"不过，这样只算是休息而已啦！唉，太轻松了！至少也得是挑战乞力马札罗山吧。好！二十多岁的最后一天，就登上非洲最高峰乞力马札罗山的山顶吧！在六天五夜的徒步行程中，一边回顾过去三十年的人生，同时思考将来该怎么走……"

这样灵光一闪出现的浪漫计划，却因为五位"爱管闲事"友人的加入，整个被打乱，而我就身不由己地变成乞力马札罗攻顶大队的队长了。这是我起头的事，当然不能半途而废自顾下山。啊，真是让我后悔莫及。

其实，在过去的几个星期里，我整个人都提不起劲。因为，当初我想出"梦想全景图"——也就是"将地球上存在的数万个梦想，做成全景图"的计划时，几乎兴奋到无法入眠。我立刻开办了网站，花上几星期的准备时间完成了企划书，还请来顾问、律师、出版编辑、IT专家、创业家等各个领域的友人们到我家，对着他们发表所准备的资料，然后再花几个小时一起重整想法、提升企划书的内容。只不过，在企划书寄到电视台与纪录片制作公司后，拒绝的电子邮件如瀑布般的涌回我的信箱。难道……是我的想法太荒唐吗？

大家的响应都差不多，都异口同声地表达"因为是长期海外企划，所以很困难""缺乏预算所以不行""以普通人为内容的节目，到底能拿下多少收视率"，等等。从他们的立场来看，当然可以这么认为，因为我这个普通上班族，对于影片什么的完全不懂，拍照的功力也仅仅是业余摄影师的水平而已，却想花一年的时间访问三百六十五个人，将他们的故事拍成纪录片，甚至要开展览带给其他人灵感，这真的很难让人相信。

对我的想法有点兴趣的公司跟我说，若我能得到赞助，他们会考虑。于是，我运用一切拥有的人脉向大企业敲门，不过还是只得到了拒绝的答复，"又不是已确定会播放的节目，要凭哪些理由赞助。"

我将计划认真地写下来，然后放在我的博客上。直到某一天，有人发给我一条信息：

"你要不要试试看申请约翰走路的梦想资助计划？"

"梦想资助计划"主要是针对为了梦想前进的韩国成年人，将一共选出五个人，提供每人一亿韩币（约五十六万人民币）。虽然我对这项计划很感兴趣，可是申请的人早已多达一千四百五十名了；此外，若要得到赞助，申请者得持续在网站上留下梦想足迹，并在四个月内通过四次筛选门坎，也就是得奖概率只有百分之三点三三而已……。原本雀跃不已的心，瞬间沉了下来。

"最好的结果是成为获选的五个人之一，那最坏的结果呢？应该也只不过是浪费了点时间而已嘛。好吧，反正也不会有什么损失，就去试试看吧！"

因为距截止日期不远了，我先赶着弄出申请书，也在边留下梦想足迹的同时，边开始拜托周遭友人投票给我。

雨，依旧不停地下着，连包包里面都湿透了。一想到要在潮湿的帐篷里穿着湿嗒嗒的衣服睡觉，就不禁让我打起寒战。

"有导游和挑夫陪着一起登山就已经够辛苦了，我到底是哪来的胆子想靠自己边旅行边采访别人啊？更何况还说要拍成纪录片。我是不是该轻松点来趟自助旅行，或是回去乖乖上班才对？"

然而，我想起了过去的金寿映。我真心想为他们提供梦想灵感、想帮助他们再度拥有梦想的人，不是在书本或网络上能找到、已具备环境与意志力的人。那些人就像十五年前的我一样，四周没有任何可以当作榜样的人，更不用说有什么导师之类的；但如今即使在偏僻的乡下地区，起码大家都有电视机，因此我想为了这些人制作个电视节目。

不过，计划一开始就受到这么多阻力，让我实在很失望。另外，当我提出为了这个企划案想申请停薪留职时，身边的人，尤其是我家人简直是要疯了。

"你到底为什么想离开那么好的公司啊？"

"万一等你回来后却没有你的职位了，那该怎么办？"

"你要怎么弥补一年的工作空窗期？"事实上，我的内心也是颇为不安的。因为，当停薪留职结束后，再复职并不等于自动回到原本的职位，得先要有空缺的职位才行，而如果在一定时间内无法产生空缺，那就会被自动裁员，所以心

登乞力马札罗山与游塞伦盖提国家公园的时候，我心里只有"梦想资助计划"。因此我做了字板，随处拍照下来

在乞力马札罗山辛苦攀登时，开始担心起今后的一年里，自己能
不能一个人边旅行边采访别人

里也要有辞职的打算。除此之外，旅行上的费用会给我带来
着实不轻的负担，虽然目前我有积蓄的钱与版税收入，但也
还有为父母盖房子时产生的债务。于是，我开始担心旅行回
来后，会不会变成口袋空空的无业游民。

　　帐篷里果然是湿湿的，想到与其缩在里面发抖，不如迎
向清晨的露水，所以我从帐篷里出去了。在完美添满黑暗的
半球天空里，密密麻麻数万颗的星星开始闪烁着。独自在帐
篷外的我，心中产生感动，想象："若在这星光点点的夜幕
上发生洪水，所有的星星会不会全都掉落到地球上？"就在

仰望着美丽的星空，自问："若一年之后，我将离开这个世界……？"答案很容易地就出现了

我进入这无法得到结论的思路时，忽然看见流星乘着银河滑下，不禁想到我们生命的结束也就像这样，也可能就是明天。我内心的某个角落开始向自己提问。

"若一年之后，我将离开这个世界。那么现在会做出什么选择？"

这根本不用再想了。从乞力马札罗山下来之后，我将企划书撕掉了。

"干脆我自己来拍部纪录片吧！电视台不愿意播放又怎么样？上传到网络不就成了嘛！"

我马上准备了一台手掌大小的录像机。在认真敲过计算器评估，也预备好资金不足时的解决方案后，我的结论是，起码六个月之内不会饿死，因此我决定申请停薪留职了。其实，停薪留职也不是随便可以得到的机会，所以我是有策略的。在自己生日派对后，向上司婉转地提出。

"平常因为害羞，都没有向您表达过这些，但是今天我真的很想向您表达我的谢意。之前我做和甲公司进行合作案的时候，虽然营销策略成功，可是因为我没有仔细看合约书，造成了很大的损失，而您还是很鼓励我！还有在乙案里，由于我想要的结果没有在预期的时间产生，让我相当困扰，不过您完全没有催促，反而为我打气。真是托您的福，去年我达成了比营业目标多百分之二十以上的业绩，而且在工作能力和领导能力方面也成长许多，也很期待新的一年。但是，我在各个方向思考过之后，做了一个决定……"

我不是动动嘴巴拍拍马屁，真的是打从心底说的。我告诉上司我的计划后，恳请上司能让我留职停薪，他很积极地鼓励我说，若换成他是像我一样年轻又单身，也会做出同样的决定的。感动、感谢与遗憾的情绪一时错综复杂，让我们两个人的眼眶都湿润了。停薪留职十八个月的手续办完后，他过来拍了拍我的肩膀说：

"十八个月之后真的要回来吗？在世界各地经历各种事情后，应该不会想再回到公司里吧？要是你会回来，我就给你一千英镑！"

再说到"梦想资助计划"。在一千四百五十名角逐人选中，我进入了前二十名，但是再一个月后的网络投票结果，只有第十四名。我妈妈看了觉得很着急，甚至做了"请支持金寿映"的传单分发给左邻右舍，每天也发几十条短信给亲朋好友们拜托支持我，我自己则通过博客网络社区呼喊拜托为我打气。可能是我向往挑战的真心发挥力量了，我进入了最后十人的门槛。

最后的决选是在仁寺洞的一家画廊展示自己的梦想。我虽然不知道能否得奖，但是在向公司请假后，便自费买了一百万韩元（约五千六百元人民币）的机票，飞回韩国去。花上一个星期不睡觉来构想内容，然后用切、剪、敲打的方式做出雏形，再一个一个的用手装饰于约两坪大的个人展示空间里。很感谢很多人亲临参观我的"梦想画廊"，我在可短可长的七分钟时间里发表完抱负后，颁奖典礼的主持人对着虚心等待的我，露出了微笑。

"梦想资助计划的第二位得奖者为……金寿映小姐！"我竟然获选为能拿到一亿韩币赞助的五人之一！最初还担心到底该如何超越一千四百五十个人而感到茫然，但万幸自己没有放弃。被选上为"梦想资助计划"的得主后，几家报社报道了我的故事，接着专门制作海外纪录片的制作公司的负责人金镇赫先生，寄电子邮件表示"我想把寿映小姐的企划做成SBS电视台的特别节目"。只不过就在几个月前看起来不可能的事情，如今一个一个实现了。果然，写下梦想并去挑战，就能成真！

2011年6月1日是为了"梦想全景图"出发去伦敦的日子。过去的一年里，我一直在想象这一天：要向完全不知情的同事们宣布这么棒的企划。然后消息借着口耳相传，会在《都市报》的第三版介绍我（我上下班时喜欢看的《都市报》，在第三版偶尔会介绍与众不同的人物）；等五月份这则消息

摄于"梦想资助计划"最后决选时,所展示的"梦想画廊"

传到全世界，自然而然就为这个企划打了广告，想必有赞助商排队等候；然后就会有很多人想加入这个企划，我想光是整理资料就很辛苦；然后，6月1日，想必是会有大批群众到仁川机场欢送我，连空姐都认得出我来……我充满各种令人兴奋的想象。然而，事实完全不是这样，这应该是为了让我觉悟这个企划不像我所想的那么容易吧。

准备离开居住五年半的伦敦前，简直是一个头两个大。光是整理公司的事情，再加上将业务交接给接手的员工，已经忙得不可开交。整理过去居住的房子与打包行李也是抽空档完成的。想将累积五年半的生活居家用品缩减为二十千克，可不是件容易的事，因此我决定将东西全部送给前来欢送会的友人们。

原本想过回到韩国后要边休息、边准备企划，但是，先是请了三十多名的博客读者们举办"梦想全景图"的启程典礼，然后与济州大学的梦想挑战团队二十五个队员一起见面约定——在我进行这项企划的时候，他们每位也要达成一个目标，大家一年后再见面。此外，只要一有空就讨论纪录片制作事宜，也要与赞助商沟通。所以每天到晚上十点我就累倒了，连想见个面的人也无法一一见面，结果只好将十个互不认识的人集合在一起会面。我在韩国的一个月就这样飞也似的过去了。

当我为了展开未来一年的旅程，坐上飞往伦敦的飞机时，一上飞机我就昏睡。也不知睡了多久，在黑麻麻的机舱里，茫然的感觉渐渐涌上来；因为太忙了，所以我什么也没准备，这个周末要到巴黎了，竟连住宿的地方都还没预约。

"我说了要花一年的时间采访三百六十五个人，又要实现十个我自己的梦想，到底该怎么做呢？"

我心里产生的茫然与孤单感，慢慢变成恐惧了。不过，我将内心偷偷产生的不安硬压下去，同时做了重新的思考。

"喂！金寿映！在陌生的地方迎接黎明、每天挑战新事物的时候，你才会感到自己真实的活着！从今天起，你要过着比你以往任何时候都要更棒的、最好的一年。正如平凡的医学院学生埃内斯托（Ernesto）花一年时间，骑摩托车旅行南美洲后，重新诞生为具有历史性的革命家切·格瓦拉（Che Guevara）。这趟旅程就是个契机，将改变你自己和其他许多人的人生！"

我用在乞力马札罗山学的一句斯瓦西里（Swahili）语，轻声地告诉自己：

"Hakuna matata！（别担心！）"

Chapter 01

敢于决断
我就要这个梦想,
别的与我无关

我想回家，
过平凡的生活
01

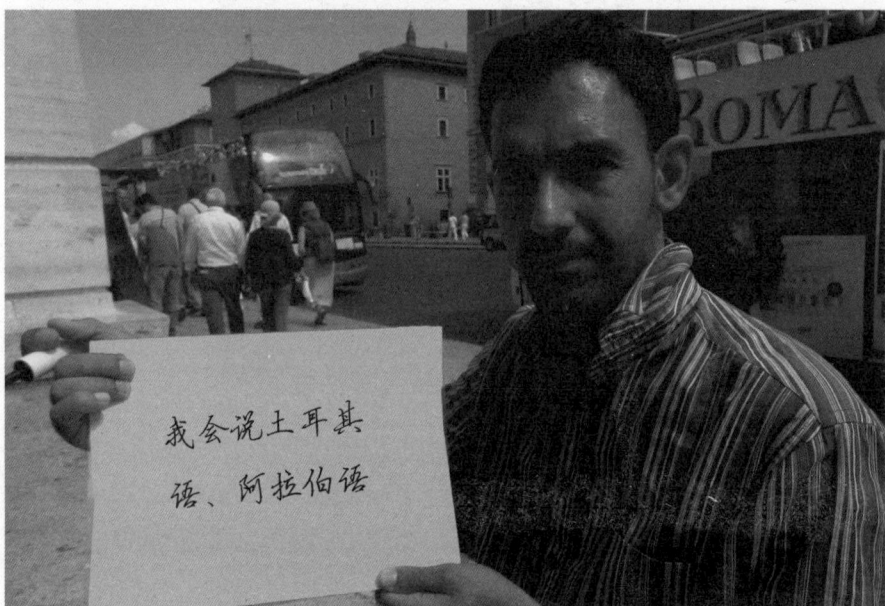

我拜托施萨德将他想回阿富汗的梦想写下，但是他可能没听懂我的话，所以写下"我会说土耳其语、阿拉伯语"等字

"帽子，帽子！"

"需不需要扇子？"

"有冰水，一瓶两欧元（约十五元人民币）！"完成了陪伴爸妈于梵蒂冈的观光后，在等客运时，路边的小贩以每分钟出现一次的频率来卖东西，我不断地拒绝，到后来甚至觉得很累。不过，听到他们之间彼此的对话就让我忍不住好奇，我原本以为自己能猜得出大部分语种，不过这回却完全无法臆测是什么语言。因此，在小贩又一次过来的时候，我便问他来自哪个国家，他说是阿富汗。

"怎么会从阿富汗来到这儿？"

"我是流亡的，因为我曾在塔利班底下工作。"这真是个料想不到的答复，而且还是在天主教大本营的梵蒂冈遇上了塔利班，这世界真是太奇妙了。他的名字叫施萨德，我问他在阿富汗曾经做过什么，让人意外的是，他回答说当过警察。

虽然他的英语不那么流利，使我们无法顺利进行对话，不过，他可是位说阿拉伯语、波斯语、乌尔都语与普什图语都很流利的精英分子。在塔利班执政时期当警察的他，于该政权垮台之后流亡到意大利，与其他十个流亡者共同住在由意大利政府提供的一间房间里，然而，由于没有任何金钱收入，因此不得不在大街上卖东西维生。

当我正想再与他多聊聊时，他却突然拔腿逃走了，我这才发现，原来是有梵蒂冈的警察在取缔路边小贩。当梵蒂冈警察离开后，他就又回来了。

"施萨德，你的梦想是什么？"

"希望有个和平年代，我能回到祖国平凡地生活过日子。我把太太留在阿富汗，自己一个人来到这里，所以已经好几年见不到她了。"

"你不能直接回去吗？"

"以现在的流亡者身份是无法回到阿富汗去的。我太太也拿不到来意大利的签证，何况我丈人也不允许她来。"

"到底什么时候……"忽然间，警察又来了，施萨德再次跑开。这次来的警察一直盯着我看。一切都在瞬间发生，所以我根本也不知道他跑到哪里去，等了十五分钟之后，我只好登上了巴士了。不过，脑袋里却一直回想着，曾经当过警察的他躲闪梵蒂冈的警察，塔利班警察沦为梵蒂冈非法小摊贩的人生故事。

隔天，因为想避开气温像蒸笼般的罗马，我们到了位于郊区、号称夏季避暑圣地的"罗马城堡"。当我午餐时间在找餐厅的时候，看见一位在街上卖袜子与纸巾的黑人，大概是天气实在太热的关系吧，他似乎都没有生意。恰好我到了快没有袜子可以穿的时候了，所以就叫了他一声。

"Scusi. Quanto？（请问，多少钱？）"他好像不会说意大利语，沉默了一会儿后，问我会不会说英语。我说会，他就叹了一口气。

"我以为只要来到欧洲，生活就可以过得容易点，但并不是这样啊。"

意料之外的回答，他开始讲起自己的人生故事。他今年二十六岁，名字叫伊马，虽然在尼日利亚受过电器技师教育，可是因为没有工作机会而过得很辛苦。在电视上偶然看见欧洲，简直有如天堂，于是他决定出发到欧洲来。

"在火烤的太阳下，花了六天五夜的时间，徒步跨过撒哈拉沙漠抵达突尼西亚。在旅程中，若遇到像自己一样徒步穿越撒哈拉却死在半路的人，就去翻翻他们的包，看看有没有剩下的食物或水。在迂回曲折的经历后，十分艰难地藏身于开往意大利的船上，你能想象连水与食物都没有、得在船舱底部过上五天的情形吗？而且，还到处都有洞洞不断灌入海水，深怕在到达意大利之前会被溺死。透过那些洞洞，偶尔也会看见鲨鱼，更担心它们会打穿洞孔进来。"

像赌命似的，终于来到意大利了，但这里没有天堂。不知如何糊口，所以只好在大街上卖东西，可是这无法存到钱，动不动就受到别人侮辱。由于连个栖身的地方也没有，要不就露宿街头，要不就睡在其他非洲移民者居住的贫民区。同为人类生命的我，对他如此活着的现实感到歉意，也很感谢他对刚认识的亚洲旅行者，这般地打开心胸诉说心事。

"对陌生人说出这些故事应该是不容易的……谢谢你。"

"总不能把所有的事都藏在心里过日子吧！没朋友也不会意大利语，就连想诉诉苦也没办法。"

从他凄凉的口气里，感觉得到如撒哈拉沙漠中一颗沙粒般的孤单。这不只是他只身一人而感到的寂寞，更有着人生活着不如别人的悲哀。

"伊马，你的梦想是什么？"

"我的梦想是回到自己的国家，世界上没有比故乡好的地方。还有，我想过更好的生活，这个啊（他用手指一指叫卖的袜子），这个不是好的生活。我希望回到尼日利亚做点小生意、结婚成家，过得简单点……"

"那只要你下定决心，现在不就可以回去了吗？"

"我没办法这样子回去。要是明天去尼日利亚大使馆，他们可以帮我订机票，但是这也等同于承认非法居留的事实，以后就再也不能来欧洲了。"

"不能回到欧洲来，又怎么样？"

"我费尽千辛万苦来到欧洲，哪能这样两手空空的回去！只要能带着两千五百欧元（约一万九千人民币）回去就行了……可是这一年里什么钱都没存到……"

两千五百欧元大约是意大利人一个月的薪水，但对他来说是扭转人生方向的巨额。过去一年里，连一毛钱都存不了的他，得到什么时候才能存到那笔钱呢？我开始担心他会不会因为太想念自己的国家，而让这一切不了了之。

伊马在梦想纸板上写下："我的梦想是回到祖国，成家并过着平凡的生活。为了使自己的人生更有自信，先赚一点钱好准备做生意。"然而，他拒绝拿着梦想纸板拍照，或许是认为自己的梦想近乎一种迫切的哀求，所以将梦想与自己的脸放在一起，始终让他感到惭愧。

"对了，跟你说个秘密，我会看一点面相喔。伊马你啊，虽然年轻的时候运气不顺，但是过了三十岁之后就会转运了，金钱运、人际运都不得了。因为你将来是成功的人，所以在二十几岁时会先吃苦的。"

"真的吗？如果真的是这样，该有多好！"他相信了这个来自亚洲的假算命师的话，两只眼睛瞪得大大的，接着开始很兴奋地说自己想在尼日利亚做的生意是怎样的。讲了好一阵子后，他的表情也渐渐开始明朗了。

"那么，十年之后，我们在尼日利亚相逢吧。我可以很清楚地预见，那时候你已经是个有名的生意人，有漂亮的太太和很多子女，你会幸福满满。"

"到时候如果你来玩，我会准备很多好吃的东西，家里应该也会有很多房间，你来住一个晚上吧！"

"好。喔，对了！我想，在这么热的天气里，与其卖袜子，倒不如卖点冰凉的饮料或冰淇淋。还有，你要不要离开这个悠闲的小地方，去流动人口很多的观光地区，这样也许很快就会赚到两千五百欧元了。"

他点头了。像伊马这样的人，有穿越撒哈拉沙漠的勇气与克服地中海鲨鱼的毅力，哪会有做不到的事呢！也许因为他怀着"想平凡地过生活"的梦

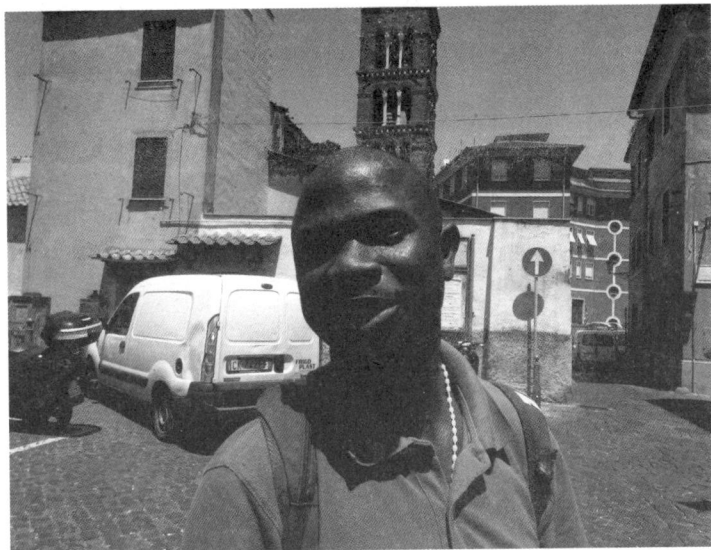

想，所以才能忍耐熬过每一天。我希望十年后与他再见面时，他能笑着说："啊，曾经有那样的时候啊。不过，幸好那时再辛苦也熬过了，所以才有今日的成功。"那么，我也会老实告诉他，我是个假算命师。

世上的所有坚持
都因为爱

02

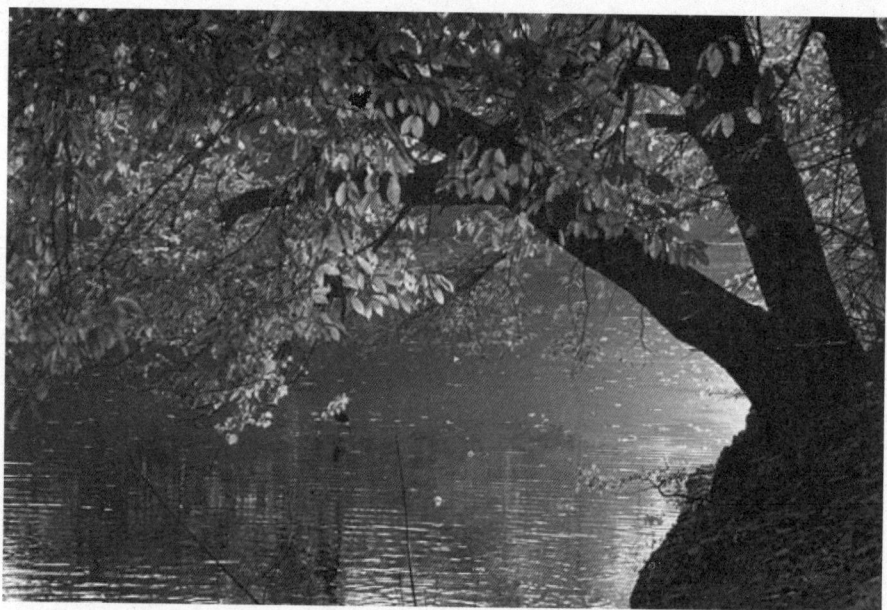

帕诺斯想要环游世界，把这世界上的美丽放在照片里

"你这么年轻自己一个人旅行，有没有好好在吃饭啊？我请你吃饭！来，吃点东西吧。你得吃饱才能健康地旅行……"

"哎呀，我不管到哪里都吃得太多，这才是个大问题呢。不过，很谢谢您如此关心我。"

迪妮就像韩国的大婶们一样，令人感到温暖。据说希腊人很有人情味，家人之间的关系也很亲密。圆滚滚的眼睛、一头白发、看起来很善良的迪妮，把初次见面的我当成女儿一样，勾着我的手臂，带我去了一家咖啡馆。在喝卡布奇诺时，我忽然想到介绍迪妮给我的希腊朋友伊丽莎白和她曾经告诉过我的一件事。

"听说您经营一个慈善组织，叫'Panos 4 life'吧？那是什么意思呢？"

"嗯，对……帕诺斯，那个其实……是我已经过世的儿子。"

"……啊，是这样……"在帕诺斯二十二岁的时候，某一天发现嘴巴的一边肿肿的，在一位当医生的亲戚的建议下，到医院做了检查，竟然发现他得的是口腔癌。动手术之后，原以为可以痊愈了，但是癌症却不断复发，于是帕诺斯很辛苦地与病魔斗争了八年。虽然他从大学毕业后，在银行当上经济专家，不过由于不定时要住院的影响，使得职场生活也很辛苦，最后他辞职了。离开职场的他，投入大量时间来摄影，于过世前开了第一场个人摄影展。

"一直到过世的那一刹那……帕诺斯总是很坚强：'癌症根本没什么大不了，我一定会打赢这一战的。'虽然他已经过世了，但是我依然以我儿子为傲，我很庆幸他当我儿子当了二十九年。"即使自己本身也在对抗病魔，但帕诺斯为了在医院认识的家境不好的孩子们付医药费，还曾因此掏空自己的荷包。迪妮为了纪念儿子而组成了"Panos 4 Life"，她收集起帕诺斯所拍摄的照片，到伊斯坦堡与雅典等地开摄影展，与布鲁塞尔的友人们开演唱会、举办圣诞节义卖活动等，在过去五年期间借由这些方式募款，募到了大约十七万欧元（约一百二十六万人民币）的金额。

她为了肯尼亚的一百五十个贫苦儿童，用这些募来的钱盖幼儿园，好让儿童们能正常学习；也曾为尼泊尔偏僻地区的教师们盖房子。在希腊当地也是，她为偏远岛屿的孩子们盖篮球场，为了残障孩童建造一些设施，等等。像这样一直不断有旺盛力量在做事，真教人难以想象是一人所为。

在开始之初，曾有很多人帮助过她，但大家都认为这类的慈善活动大概维持不了多久。然而，时间过得越久，迪妮对慈善活动也越加充满热忱。

"不知该如何形容失去孩子的悲伤。我失去了帕诺斯后，数度有过想从阳台上跳下去的念头。若想要活着，就不能一直这样下去。帕诺斯受过很好的教育，在疼爱他的家庭里做自己想做的事，而这个世界上还有很多孩子无法拥有这些权利，更别说是要享受幸福。"

"迪妮，您的梦想是什么？"

"以纪念帕诺斯的梦想来帮助处境困难的孩子们，这就是我人生的一切，也是余生的梦想。"

在谈话的过程里，我们始终无法止住泪水。母亲失去孩子的悲痛，除了当事人以外，应该没有任何人可以了解；在经历过这样的遭遇后，有人会诅咒世界并放弃人生，但迪妮却将绝望升华为希望。如今她把孕育生命、养育成人的爱，与更多的人一起分享。

在我们道别之前，我问了她最后一个问题。

"帕诺斯的梦想是什么？"

"帕诺斯……他……想要像寿映你一样环游世界，而且想把这世界上的

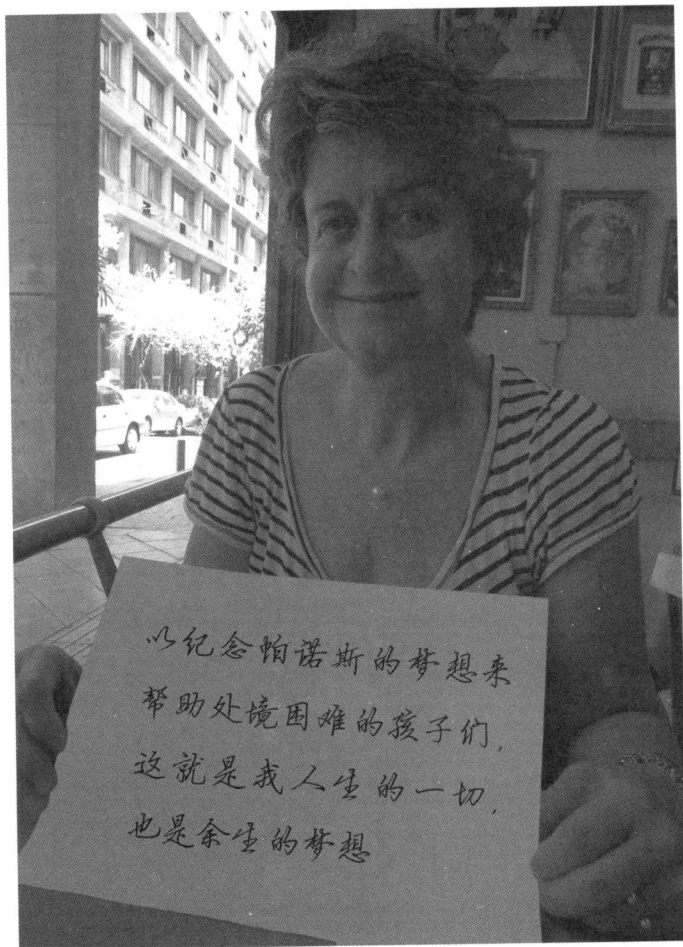

美丽都放在照片里，而他因为得不断住进医院，所以无法达成梦想。寿映，你……正在替他实现梦想。祝你幸福，还有，一定一定要健康。"

我们久久地相拥着。我多了一个绝对要成功实现计划的理由了。仍活在迪妮心里的帕诺斯的梦想，传到了我心里，如热火般地重新开花了。

即使失去一切，
也不能忘了梦想

03

　　被亚历山大灭亡的波斯帝国，其古首都伊斯法罕是被称为"半个世界"的美丽都市。我与在沙发冲浪网站认识的大学生凯威一起吃饭的时候，告诉他我打算去号称世界三大广场之一的伊玛目广场，他便提议要骑自己的摩托车载我去。

　　晃动得很严重的摩托车加上高速行驶，使坐在后面的我，头巾全都被震开，头发也被吹得乱七八糟。当在等候红灯时，我为了把头巾整理好而暂时脱了下来，这时，从一旁的车子里，突然有一个长相凶恶的人，说着我根本听不懂的波斯语，并且下车往我们的方向走来。刹那间，虽然还是红灯，凯威却以狂奔的速度，先骑上人行道再转到反向车道，飞车过程中由于完全不减速地冲过减速丘，差一点让摩托车横冲出去。

　　"减速！很危险！我说减速！"逃了大约十五分钟，在某个巷口前，凯威终于将摩托车停下来了。

　　"真对不起喔。刚刚那个人是便衣警察，寿映姐你可能会因为服装不整而被逮捕，但真正严重的问题，是未婚男女像这样共乘摩托车。寿映姐因为是外国人，所以到头来总是会被释放的，不过我，很可能要被关进监狱，吃上几年牢饭。"

　　什么？哪有这么荒唐的法律？我现在才了解了刚刚凯威狂奔的理由。

　　"啊，原来是这样……不过也是可以骑小心一点嘛！我的心脏差一点要

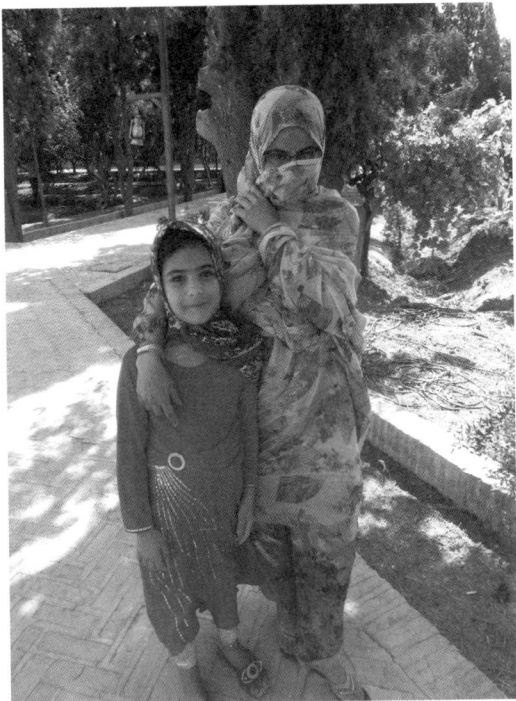

在美丽都市伊斯法罕遇见的
少女们

跳出来了！"

　　我满心想尽快摆脱摩托车噩梦，于是我让凯威先离开，然后去拦出租
车了。

　　我边说着："到伊玛目广场！"边坐上了出租车。然后，看着后视镜的
出租车司机开始跟我说话。

　　"不好意思啊，请问你是从哪国来的？"

　　"从韩国来的。"

　　"啊……真的吗？"他的口气与其说是惊喜，不如说是叹气。

　　"伊斯兰革命前，我父亲在工作上认识的韩国人曾经来过我家。当时那个人还送了我妹妹一支米老鼠手表。可是，我妹妹已不在人世了，我父亲也是……"

真是我没料到的对话。

"请问您的父亲以前从事什么工作？"

"我父亲是公务员。当时在伊朗有几家韩国企业进驻，我记得送我们礼物的那个人，就是在那些公司上班的韩国人。"在德国住过五年的他，在那段时间学了英语，不过他说自己因为太久没使用，所以英语说得不是很流利。

"我在德国什么工作都做过——从送披萨到工地粗活儿。我原本有个梦想，想要这样工作几年，存一笔钱后，回到伊朗盖一栋很大的房子，自己开始做点生意。但我妹妹恳求我，她想到美国读书，读完博士准备当教授。我妹妹和我不一样，她学习特别好，我为了成全她的梦想，所以把在德国赚来的钱给她当学费了。然而，妹妹在美国还不到一年，就被诊断得了多发性硬化症。结果，我在德国赚的钱不是拿来当学费，而是全都变成她的医疗费了，我甚至因此负债。"

突然听到的这些故事，让我感到一阵心酸。

"当我父亲与我前往美国照顾我妹妹临终时，发生了伊斯兰革命。当时很多人失踪，我母亲也是其中之一。她是个平凡的家庭主妇，也是很虔诚的穆斯林，但没有人知道为什么这种事情会发生在她身上。虽然现在只能当作她已经过世，也放弃寻找，可是这么长的时间里完全不知道生死与否，带给我们很大的痛苦。此后，我父亲因病过世，现在就只剩下我一个人了。"

他再度叹气了。

"我不知道自己为什么对着你说这些，我对生活周遭的人是不会讲的。而且是连我自己也忘了许久之前的事呢……可能因为你说你是韩国人，让我忽然想起那支米老鼠手表，和被淡忘的有关家人的记忆吧。不知道该怎么形容我现在的心情……"

逃到伊朗的阿富汗籍修鞋工人，因为被枪打中而失去了手指。他怀着想到国外接受治疗的小小梦想，这也是支撑他辛苦生活的希望

看到他的眼睛，感觉像是轻度的恐慌症。我想，得让他镇静下来才行。

"您先镇静一下吧。要不要在这儿暂时停车，去那边的长椅上坐坐？"

我们在河边的长椅上坐了下来。

"从回到伊朗之后，您做过什么工作？结婚了吗？"

"我没有学历，也没有存款，哪能做什么呀？在做过几种工作后，从三年前开始开出租车。因为缺钱，所以拖到很晚才结婚的，也还没有孩子。我们很努力地想生一胎，不过就是没办法。反正养家糊口已经很不容易了，没有子女可能更好吧。"

"你有梦想吗？"

"梦想？什么梦想？像我这种人还能有什么梦想？失去一切的我，也能有梦想吗？"

他张大眼睛了。

"梦想啊……这是个很难的问题。当然，在很久很久以前曾经是有过的，只是忘记梦想，每天这样过着，时间已经太久了，我大概得想一个星期左右才想得起来吧。不过，我得起身了。一下子讲了所有的事，让过去人生里全部的情绪统统涌上来，让我快受不了了。隔了太久用英语说话，也让我头很痛……"

他歪歪倒倒地回到车子里去，我付了出租车费后，沿着河边走了一阵子。我猜想不到他所经历过的痛苦有多大，不过他还有深爱的太太啊！比起一天又一天这样的过，不如抱持着梦想、为了更好的未来，应该会更好过吧……

在一个人的人生里，自我意志与四周的环境会有多少影响力呢？在不断发生悲剧的处境里，人类依旧按照自由意志过日子的可能性到底有多大？当我们身在自由又舒适的环境时，固然比较有机会照自己的意愿过日子，但真正坐拥一切的人，也有不少是彷徨犹豫或毁灭自我的；反观在悲惨又辛苦的环境下，却有人因此从中长出希望的萌芽。总而言之，人生只有一次，只会为发生的悲剧感叹与挫折，何不为了更好的人生，带着正面的态度、相信自己并努力呢？

我认为，"知道自己想要的是什么，并且做那件事情"就是幸福。从前，我曾经很辛苦过活的时候，周遭环境里有许多缺乏梦想的人。这些人将"赚一天、吃一天"奉为圭臬地过日子。但很奇怪，他们好像总是会遇上不幸的事，生病、亲人过世、发生灾害、生意失败……但这绝不是因为他们的运气不好。不积极去寻求自己想要的东西，会找上门来的当然就只有自己不想要的东西……于是，他们的人生被风浪冲走了。倘若他们有了梦想这块垫脚石，也许可以在那道风浪中逆流而上，一步一步跨越过去呢。

　　假设人生是一本书，我们每一天都正在写下一页。令人感动的伟大故事不是以幸福开始、以幸福结束的顺利坦途，而是历经挫折、困难与无法忍受的痛苦，在最终克服了一切的当下，才会带给人们感动的。如果你的人生正处在逆境中，能不能把它想成自己正在编写一部伟大故事呢？原本，我想将这番话告诉他的，但他早已离开了。

没有声带，
我也要歌唱

04

当我踏入以色列国境时，被问到护照上为什么有这么多中东国家的签章、为什么去伊朗等问题，问了一个小时。穿过气氛森严的边界与宗教气氛浓厚的耶路撒冷后，我抵达像欧洲一样自由的特拉维夫。特拉维夫的朋友亚隆说他有最多的就是时间，所以带我去各个地方的派对与各种规模的演唱会。

"今天有一位来自也门的名歌手开演唱会，你想去听吗？她是个有特别故事的人。"

星期六下午，我收到了亚隆发来的短信，基于好奇和想知道到底有什么特别，于是去了知名的酒吧"Teder"。酒吧里已经架设好舞台，有个乐团正在测试音响。我看到个子高挑、有红色鬈发的美女主唱，但亚隆却指着在主唱旁边，留短发、戴眼镜、负责弹键盘乐器的女生。

"那个就是我说很特别的人。她在以色列是很有名的音乐家，叫阿胡法欧萨利。"

"你是说那边穿白色衬衫和黄色毛衣的人吗？她看起来只是个普通的阿姨啊？"

会这样认为也是难免。没有上妆且皱纹很深的脸，加上随便梳理的头发，看起来离著名音乐家的形象很远；不过，当听完了亚隆的解释，我便了解了。在结束音响测试，台上的人要去休息的时候，我过去邀请她接受访问。突如其来的访问往往令人感到慌乱，但她带着温柔的微笑，请我一起去喝杯咖啡。

阿胡法的父母是来自也门的犹太人，而她是在特拉维夫出生的。她从四岁开始唱歌，但阿胡法的母亲觉得她的歌声听起来像哭声，所以把她送到丧礼场合唱哀歌，以使吊客更能哀恸哭泣。刚开始的时候，她只是个想赶快唱完然后去踢足球的不懂事小女孩，后来成长为深受众人喜爱的歌手，以独特既深沉又沙哑的声音，创造出专属自己的音乐世界。

尤其是一首名为《我的军人在哪儿》的歌，让许多儿子在战场上的母亲们落泪。有些母亲甚至拜托她将自己儿子的名字嵌入歌词里唱，这些阿胡法都不忍心拒绝，因此将每个人的名字放在歌词里、录音唱完之后，送给这些母亲们。这样做的结果，却使政府认为这首哀歌让军队纪律松懈，一度被禁止演唱。

阿胡法五十九年的音乐生涯中，以色列的音乐界也经历了很多变化。在大屠杀的前后期，欧洲的犹太人大规模移居至以色列，导致从前的主流音乐被视为是"东方"音乐，而被边缘化。就像传统语言的歌谣被大众流行音乐的潮流覆盖过去一样，阿胡法的音乐变成非主流音乐了。但无论是受到大众喜爱或抛弃，她完全没有变过，依然住在自己出生成长、位于特拉维夫的简朴房子里，并且持续不断地学习世界各地的民俗乐器，展现自己的音乐世界。

然而，几年来常常感到喉咙疼痛的她，在2000年的某天早上，无法再发出声音了。当被发现因长年抽烟而患上声带癌时，使她万分震惊，此外，她也得知除了割除声带之外，没有任何治疗方法。

"被诊断罹癌之后，您心里感受如何呢？"

"对世界上任何人而言，失去声音都是个悲剧，尤其是对于我这种靠声音吃饭的音乐家而言，失去声音的悲哀是难以言喻的。那天就是我生命里的亚笔月第九日（犹太历上最悲哀的日子）。"

医生告诉阿胡法恐怕不能再唱歌了，但她说不管有没有声带，还是要唱一辈子。她只能发出沙哑的嘶声悄悄说话，得用手握着喉咙、十分困难地出声。当我访问她的时候，因为咖啡厅的音乐而无法听见她说话的声音，连亚隆也数度拜托她再说一次。

"您怎么克服这种情况的呢？"

"最后……我决定相信自己、更坚强。"

"所以，现在您只演奏乐器吗？"

"我演奏乐器，也唱歌。全世界应该只有我是没有声带的歌手吧！"

"您是怎么做到的呢？"

她介绍了在一旁安静看着访问过程的乐团。鼓手、制作人、经纪人，还有原本我误认是阿胡法的红头发美女依利诺。依利诺帮阿胡法唱歌，代替她失去的声音。阿胡法现在也与嘻哈、爵士等各种领域的音乐家一起合作，参与他们演唱会的伴奏，不断尝试各种挑战。

我们回到开演唱会的酒吧里，发现已经有几百个人正等着，演唱会马上开始了。阿胡法演奏一种叫班卓琴的乐器、依利诺唱歌；相异于阿胡法深沉又沙哑的嗓音，依利诺的音色更凄凉又女性化。颇具魅力的依利诺也会轻轻地跳舞，让阿胡法的音乐再度复活，她比任何人都更能代替阿胡法的声音。年轻又热血澎湃的观众们，大家一起扭动身体、唱着副歌，在阿胡法的手势带领下，进入狂热的气氛。

街上挤满了人，有些观众甚至爬到附近建筑物的楼梯与屋顶来看演唱会，阿胡法有如传说般的音乐家，也是具有象征意义的人。这场一个多小时的演唱会，在特拉维夫的空气被热情充满后才结束。音乐的旋律、热情洋溢

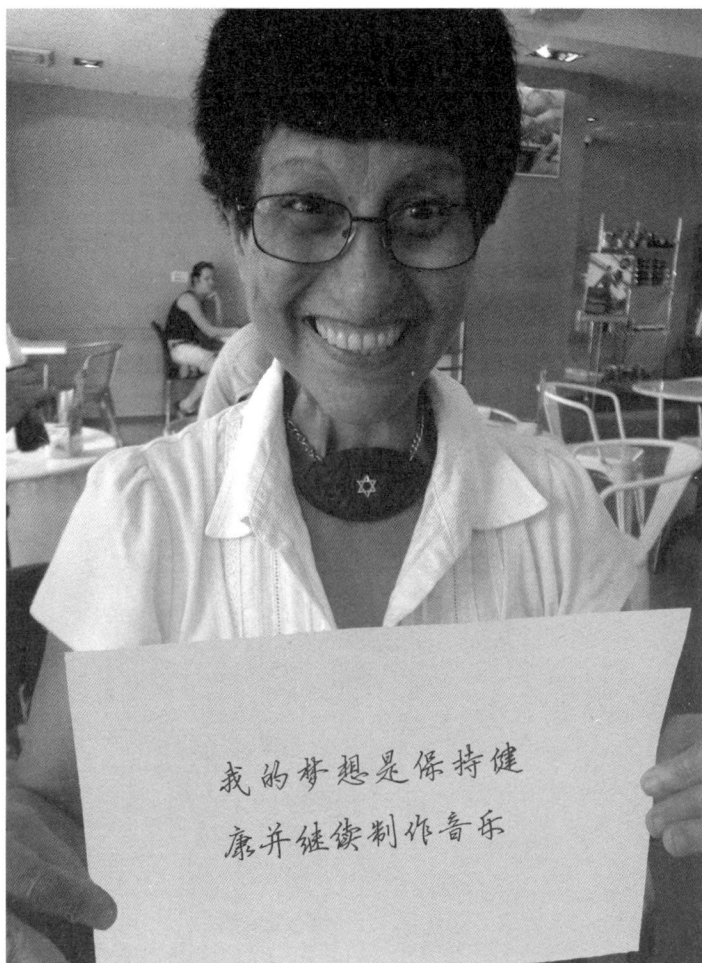

我的梦想是保持健康并继续制作音乐

音乐的旋律、热
情洋溢的街道、
观众的呐喊，向
我们证明了这个
世界上没有不能
实现的事

的街道、观众的呐喊，向我们证明了这个世界上没有不能实现的事。

我询问阿胡法她的梦想。

"我都这把年纪了，还会有多少梦想呢！不过，既然我入围了以色列奖，应该没有比得到这个奖更感光荣的了。"

　　亚隆对我说明，以色列奖是政府选拔在人文社会、自然科学、文化艺术领域里，有最高贡献与卓越成就的人，之后在独立纪念日由以色列总统亲自颁奖的至高荣誉。不过，阿胡法向专心说明的亚隆摇摇手，说有比以色列奖更重要的东西。

　　"没有什么能比健康更重要。即使给你世界上所有的财富，但若失去健康又有什么用呢？"

　　"是啊。若不健康，无论多伟大的功劳又有什么用？十年之后的阿胡法会是在做什么呢？"

　　"如果能活到那个时候，应该依然从事音乐吧？就算是拄着拐杖……"

　　她拿起上面写有"健康与音乐"的梦想纸板，在相机前露出令人舒服的微笑。阿胡法虽然是位名音乐家，但是与她进行访谈时，格外令人舒服。就连谈到人生最大的悲剧，她在对话中仍是保持着温和的微笑，不曾改变表情。演唱会结束后，我过去对她边说很棒、边竖起大拇指，阿胡法像个小孩般地高兴，紧紧地拥抱了我。

　　阿胡法虽然没有声带，但还是能唱歌。我们又岂能搬出什么借口来放弃梦想呢？

无法丢掉的
钥匙
05

　　巴勒斯坦是启发我建立梦想的国家。在多次逃家后，再回到家里的我，比别人晚一年才进入职业高中。虽然很模糊地想过读大学的事，不过也没有人可以引导我，让我感到很茫然。当时在报纸上偶然接触到巴勒斯坦消息，对于身为井底之蛙的我而言，是个不小的震撼；在极端的冲突下，天天饱受生命威胁活着的人民……我好像从那个时候起，第一次关注到这个世界。后来我开始想，我希望成为能传达这个世界上发生变化的人。这就是我第一次产生的梦想——想成为记者的梦想，而我的人生也随之改变了。让我来到这个地方的关键人物，是我在迪拜认识的《今日阿联》记者奥佳。穿着白色T恤与牛仔裤、长发自然垂下的这位美女，带着一脸的好奇，对于我的企划问出各种问题。

　　"这是属于哪个团体进行的企划？"

　　"哦，如果是你自己独力进行的，那么你是怎么筹募资金的？"

　　"你如何选择访问对象？"

　　"为什么打算在十年之后再度相逢？"当说明这些那些、举例介绍的同时，我也顺便问了她，"你的梦想是什么？"她连半秒钟都不犹豫地回答说："拥有巴勒斯坦护照，让全世界承认我们是拥有主权的国家。"接下来，换我变成访问者了。

　　"我父亲虽然是出生在巴勒斯坦，但自1948年的阿拉伯以色列冲突以来，一辈子都无法再踏上故乡的土地。他快要七十岁了，却不知道什么时候能够回到故乡。虽然我也是在约旦出生长大的，但是由于身份上的问题，所以无法就业。我希望起码我的儿子能拥有巴勒斯坦护照，正大光明地周游这个世界。"

奥佳的父母是在加沙出生的，当1948年的阿拉伯以色列冲突时，过境去到约旦。隶属于约旦的西岸地区的巴勒斯坦人，很自然地被归属于约旦国民，但奥佳一家人来自加沙地区，所以只能持有纸做的身份证，在教育或就业方面都受到很多限制。奥佳五年前独自去了迪拜，直到两年前与约旦籍的丈夫结婚后，才取得约旦国籍。

"十年后，当我们再次见面的时候，你可能已经拥有巴勒斯坦护照，和家人一起在巴勒斯坦生活了吧？"

"如果真是那样该有多好！"

"到那个时候，你还会是一名记者吗？"

"其实我的梦想是成为电视新闻播报员。"

"那么……谁又知道，十年后也许奥佳你就出现在电视新闻里，报道着巴勒斯坦独立的消息？"

"哦，我的老天……"她的眼睛里已满是泪水。

"这不仅是我的梦想，也是所有人的愿望啊。谢谢你。"正在录像的我，眼眶也泛红了。长达三代的冤屈、散布在全世界两千万巴勒斯坦民众的真挚梦想，到底何时能实现？我和奥佳紧紧拥抱道别后，又过了几天，《今日阿联》报纸，以长达两页半的分量报道了关于我的故事。访问时，奥佳问我"为什么打算在十年之后再度相逢？"而我回答这个问题的内容格外有意义。

看一看今年在埃及或突尼斯等阿拉伯国家发生过的变

化，我觉得十年是足以让一个国家崩溃或诞生的时间。同样的，十年也是很多人可以成就梦想或改变世界的时间。

十年……是少女成为母亲、儿童变成大人、人的出生或死亡、平凡人至少也会经历一次人生喜怒哀乐的时间。握着这份报道我的报纸，我喃喃说着一定要去一趟巴勒斯坦，因为不能错过那里的梦想、故事，以及他们的十年……

距离第一次看到报道巴勒斯坦的新闻文章、让我产生最初梦想的十四年后，与奥佳见过面的一个半月后，现在，我来到巴勒斯坦了。我在抵达这里之前，其实一直有着莫名的紧张，尤其是以色列朋友们都说："你真的要去巴勒斯坦吗？万一被绑架怎么办？"这让我感到相当害怕。然而，因着这块土地发生的悲剧，成就了我梦想的开端，所以我真的很想去巴勒斯坦，想与那里的人见见面、听听他们的故事。

我到达伯利恒附近的雅达难民村，随着严肃的合唱声走进一栋大楼里。七岁到十五岁不等的十个小朋友，正唱着与巴勒斯坦独立有关的歌曲，我站着欣赏了一阵子。在这个合唱团里，我认识了腼腆的十一岁少女洁米拉，她牵着我的手为我介绍难民村的各个角落。

我们进到一间屋子，看到了一位坐着轮椅的老奶奶。这位老奶奶穿着像病人服的白色衣服、在白发上系着白丝巾、盖着蓝色毛毯，被孙女们团团围绕着。皱纹很深的八十岁芭迪雅奶奶，脸上长的黑斑让我猜到她目前的健康状况相当不好。我这位突然出现的陌生外国人似乎让老奶奶有点慌张，当我表达想听听她怎么来到这座难民村、怎么存活下来的，老奶奶就静下来告诉我了。

"我们家原本是很有名的富户，拥有将近四十五万平方米的广阔农场、餐厅、两家商店、养鸡场和橄榄油工厂。1948年，当时我是即将结婚的十七岁少女，突然有一伙人以手枪逼迫，把我们从家里赶出去。受到惊吓的人四处逃窜，他们追着用刀子刺……前前后后总共发生四次这种抢劫，光是我们

听到我说"谁又知道，十年后也许奥佳你就出现在电视新闻里，
报道着巴勒斯坦独立的消息？"她流泪了

村落里就死了几十条人命。我们一家也是赶忙逃命，所以没
办法带走贵重物品，只拿走了钥匙和不动产文件。"

　　看着太过震惊而说不出话的我，同行前去的朋友莎巴
说，她听过很多次这类的故事，而且这位奶奶的故事不算严
重的。还有很多是武装分子以刀枪威胁，在先生面前强暴太
太这类骇人听闻的事情。

　　"为了无家可归的人，红十字会提供了帐篷……那一年
下了很大的雪。因为积雪使帐篷倒塌，有人被压死了，我的
叔叔和先生好不容易保住命，度过了危险期。原本想回到故
乡办婚礼的我们，一想到也不知何时就会死掉，于是便在帐
篷里举行了婚礼。倘若没发生那件事情，我们应该是邀请村

里的人，婚礼会持续办好几天呢……"

　　奶奶对着孙媳妇的耳朵悄悄说了几句话，孙媳妇去拿来了奶奶的新娘服。深色底上有着金色华丽刺绣的礼服，虽然过了六十年，但依然像新衣服一样保管得很好。奶奶请我穿穿看这件衣服，我将礼服套上，奶奶说："我也曾有过这样美丽的时候呢……"同时亲了我的脸颊。

　　婚礼当天穿着这件礼服的芭迪雅奶奶，该有多么漂亮。在帐篷里办完婚礼后，过了十年、二十年，奶奶还是无法回到故乡。曾经是故乡最富有的奶奶一家，现在只能靠着男性家人们到科威特或沙特阿拉伯当粗工，赚钱维持生活。

虽然过了六十年，但是依旧美丽如昔的老奶奶的新娘服

　　奶奶的孙媳妇拿来一把老旧的大钥匙。奶奶用双手接过有一个手掌长的钥匙，亲吻着它。听说以前的巴勒斯坦人，都是用这么大的钥匙来锁家里的门，像芭迪雅奶奶一样，在一夕之间被迫离开自己家园的人，大多都只带走了钥匙住在难民村里。因此，雅达难民村曾经试图制作世界上最大的钥匙塑像，不过却因受到干预而无法完成。

　　十七岁、正待结婚的富家天真千金，一夕之间失去了所有，之后在难民村活了六十三年……直到现在仍然好好保管着钥匙的她，让我感到一股形容不出的空虚。

　　"奶奶，您的梦想是什么？"

"就是回到我的家与橄榄树旁。"或许，我之所以进行梦想计划，正是为了像芭迪雅奶奶这样的人。这个世界上巨大政治话题、战争与压制、独裁、不合理与矛盾等，仅仅以"有几个人死了"这种缺乏人性的统计资料呈现在我们眼前，而大部分的人只是暂时觉得惋惜，想想独裁者、侵略者真是群坏蛋，过没多久后也就淡忘了。

然而，我想传达的，是这些统计或政治议题背后的真人实事；某人的初恋、某人的儿女、某人的父母、某人的恩人、某人的朋友与学生等，是那些让我们阅尽人生沧桑的真实故事。我希望十年后，牵着已经长大的洁米拉的手、搀扶着芭迪雅奶奶，在电视上看到奥佳报道巴勒斯坦获得独立的新闻。我想与他们一起流下感动的眼泪，说他们过去这十年比人生任何一个十年都还要更珍贵。

雅达难民村的小朋友们，都写着让巴勒斯坦独立是他们的梦想

就算世界遗弃我，
我也不会放弃自己

06

    这一次，我搭上了飞往泰国的飞机。过去那段时间里，我经历过喜怒哀乐、失望、感动，以及遭到背叛而心痛等情绪的大起大落，特别是在忧郁症之后开始产生长期性头痛。于是我到帕岸岛禁食了一个星期，每天我独自待在海岸边的小木屋里，早上练瑜伽、晚上做泰式按摩，好让身心里的渣滓能被彻底地清除。

    完成禁食之后我到曼谷学泰式按摩。从我朋友帕吉那里得知他每个星期天都到一所青少年辅导机构当义工，因此我决定和他一同前往。

    位于中国城一角的这个地方，原本是个有名的酒吧，后来被政府买下，改为青少年辅导中心。从五岁到十八岁的小朋友们，有被父母遗弃、离家出走，还有脱离孤儿院流落街头生活的，他们在白天可以无负担地到辅导中心睡午觉、吃饭、学习、盥洗或洗衣服。帕吉与其他义工们则是陪小朋友们一起学习或玩游戏。

    我们带了披萨到青少年辅导中心，一进去就看到全身刺青的小朋友们随处躺着睡觉或打电动。戴着无框眼镜、忙着打扮的十五岁女孩闵怡，在她肩膀后面可以清楚看见弯月与蝎子的刺青。小她一岁的蓓恩，嘴里黏着假的、很粗糙的牙齿矫正器，她的身上也到处是刺青。我想起自己动不动就离家出走的时候，应该正是与她们同龄的这个年纪，当时还自以为已经长大了。

    我故意装熟与他们闲聊起来。这些小朋友们虽然好奇我是韩国人，却以很不友善的态度对话。

"你有些什么兴趣吗？"

"吸胶毒就是我的兴趣。"

"这个箭头形的刺青有什么含意吗？"

"那意思就是，敢随便动我，我就捅你。"无论是韩国还是泰国，被父母遗弃的孩子们很不愿意打开心门。也许这些小朋友们看惯了每周都有不认识的人买礼物来，然后拍拍照就离开，因此更是紧闭心门。

年纪稍大一点的孩子们不太愿意聊天，所以我们只得和年纪较小的孩子们玩耍。时间过得很快，到了辅导中心要锁门，大家都得离开的时间。小朋友们一个个走了，也不知该往哪儿去，而管理员从里面将门锁上。我问辅导中心的总负责人吴小姐，这些孩子们到底会去哪里睡觉，她竟然告诉我，十几岁的孩子们会在旅馆睡觉或到车站露宿；五六岁最小的孩子们无处可去，只能坐在中心外面等待太阳升起，听了这些让我非常心疼。白天他们虽然能舒服地待在安全的地方，但一到了晚上就没有容身之地，只得在街头流浪，这不就等于是每天徘徊于天堂与地狱之间！这些孩子们每到晚上就得面对恐惧、孤单、剥夺……这些我从骨子里深深地了解。

"吴小姐，不能让他们进来睡吗？已经有棉被了，只要进来就行吧！"

"因为这里没有孤儿院许可，所以没办法。你看看，这里是个很宽广的空间，如果孩子们统统一起睡的话，也不知道会发生什么事情。如果要这样做就得考虑请警卫，可是并没有这种预算。还有，我们也不可能放弃个人的生活，每天晚上来这里看着……虽然每天下班的时候，我感觉自己像个遗弃吃奶婴儿的残忍母亲，心里很不忍。不过，我们只不过是普通人，无可奈何。"

　　说的也是，他们每天为孩子们操心，当中所经历的困难，我一个经过的路人岂能随意评论是非。然而，我想到每天晚上躺在硬石地上、受着冷风睡觉的孩子们，便非常心疼；于是，我与帕吉一起开始讨论我们到底能做些什么。我只会待在这里几天，不可能去建一所安置中心什么的，那么我到底能给这些小朋友们什么呢？

　　有了，想到答案了，就是"同理"与"关心"。曾经，当我处在叛逆、脱轨的时候，我也一样，内心多么期待有人告诉我"我懂你在想什么"，向我表达同理与关心！我到韩国各地少年感化院演讲的时候也是，我告诉他们"你要筑梦"，大家把这些话当耳边风，可是只要我说出自己过去的经验，每个人的眼神就不一样了。

　　"好，就让孩子们明白我们关心他们吧。得帮助他们打开心门、种植梦想！"

　　继巴勒斯坦难民村、印度与尼泊尔的孤儿院之后，再度举办"梦想工作坊"的时间到了。和之前只要受邀就能开心画出梦想的孩子或巴勒斯坦难民村里，异口同声呼喊独立的小朋友们不同，这次我决定要告诉大家更多有关于我自己的故事。于是星期天再度来临时，我买了一大包的纸与彩色铅笔，又去了青少年辅导中心。

　　吴小姐忙着把小朋友们硬抓来，吩咐他们坐下，但是没有一个人对这些感兴趣。因此，在这群自顾聊天、忙着发短信的孩子们面前，我卷起了裤脚。

　　"你们看看，可以看到我小腿上被火烧伤的疤痕吗？这是我当飚车族时，用很危险的方式骑摩托车，结果被排气管烫到的痕迹。虽然过了十七年，可是疤痕还在！"

　　孩子们的眼神开始集中在我的小腿上，接着我露出右侧肩膀。

曼谷青少年辅导中心的小朋友们很认真地画着自己的梦想

"这边这个伤，是我在吸胶毒的时候，被一个人丢过来的刀子刺到的伤痕。当时飞过来的那把刀如果稍微偏左一点，我大概就不在这个世界了。"

孩子们的脸上开始露出一半惊讶、一半认真的表情。我继续说着。

"没有梦想、也没有未来的时候，我痛恨这个世界上的一切。我为什么出生在这种贫穷的家庭里、老师为什么只讨厌我、为什么我长得不漂亮、也不会读书……这个世界太不公平！然而，一旦我有了梦想，虽然世界没有改变，但是我却不一样了。我所要说的就是，无论遇上多么困难的情况我都克服了，而且正在环游世界，成就我的梦想。和过去我想象的人生相比，这一切又幸福又精彩。"

孩子们睁大了眼睛，表情变严肃了。

"我请大家要拥有梦想。梦想不是什么了不起的东西，只要把你想要的、让你感到幸福的一切写下来，然后告诉别人。这里有纸和笔，我们一起写写、画画，好不好？"

孩子们围着桌子坐下来，在纸上开始涂涂写写自己的梦想。我原本担心他们想不出来要画什么，于是还带了几本杂志，可以随意撕下来拼贴，但孩子们好像更喜欢自己画，所以将彩色铅笔互相传来传去，画了好一阵子。

接着，孩子们围坐下来，轮流发表了自己的梦想。第一个说话的是十四岁的女孩蓓恩。

"我想要有自由，想拥有一个温馨的家庭，我也想成为教泰国传统舞蹈的老师。对了，我很喜欢唱歌，所以想成为像'茵多菲'乐团的歌手一样的超级明星。哎哟，这样看来我的梦想好多哟？"

"如果你喜欢唱歌，可不可以唱一首给我听听？"害羞了好一阵子的蓓恩鼓起勇气唱歌了，大家都为她用力鼓掌。不过，只唱一首歌的她好像不过瘾，蓓恩打开计算机里的KTV软件，认真地练习起来。

十六岁、有着漂亮酒窝的小敏，在纸上画了妈妈、爸爸与她自己。

"我想建立一个幸福的家庭，也想自己做生意，不管是餐厅或修车厂都好。我要成为老板，然后把工作都交给员工，我自己想再开一所像这个青少年辅导中心的地方，用爱心养育孩子们。"

一整天只会化妆的小敏，想不到内心的想法这么令人感叹！如此让人怜爱的孩子，要是能在幸福家庭里成长该有多好呢！

十六岁的途恩画了在舞台上表演的自己与吉他。

"我想拥有自己的乐团，也希望能成为当今泰国摇滚天团的一员。嗯……职业的话，我想开个修车厂，尤其是专门做汽车烤漆的。"

"这样就和小敏一起开修车厂不就成了！你们两个结婚吧！"

突然，这两个人相互看着大笑起来。

因为我比任何人都了解这些孩子们的伤痛，所以想让他们知道，
他们也有潜能

"啊！我已经有女朋友了啦！"

"真的？"

"对啊，大我一岁。"吴小姐悄悄告诉我，途恩与女友
一起住在旅馆。

十三岁，相当怕生的苏恩说：

"我想成为像我爸爸一样的作曲家兼鼓手。我爸爸的工
作是在卡通片打斗场面中，穿插令人紧张的音效，尤其是鼓
类的音效。我很想能像爸爸一样打鼓……不过我只会打电动
玩具而已。"

苏恩讲完之后，可能因为过度紧张，像快哭出来似的马
上跑到厨房去了。

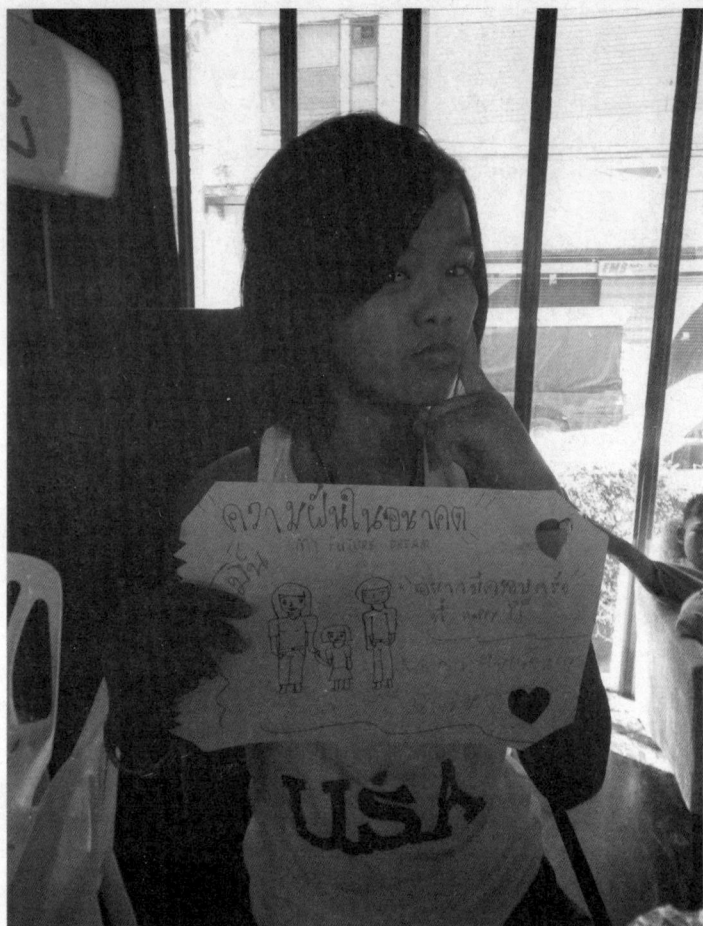

我想建立一个幸福的家庭，然后再开一所像这个青少年辅导中心
的地方，用爱心养育孩子们

　　一个接着一个，每位发表梦想的孩子都得到雷鸣般的掌声，使得大家越
来越兴奋。十八岁的波姆，当初我伸出手想要跟他握手时，他皱着眉头避
开，后来我才知道波姆曾因事故失去了右手。在感到万分抱歉之余，我很想
亲切地和他说说话。

"波姆，你的梦想是什么？"

"我想成为游戏设计师，还有，嗯……也想画漫画。偶尔也想过要当演员。"

"你个子高，脸长得又帅，而且酒窝超有魅力，当演员应该没问题。不过，如果你想当演员，得先把脸上的刀疤和腿上、手臂上的刺青用激光去掉，知不知道？"

原本把刺青当作骄傲的波姆，脸红了起来。

"知道了。还有，我也很想去国外。"

"那么你也要很会讲英语，这样才能进入好莱坞！"

"是！知道了！"和初相识时充满敌意的态度相比，变成温驯小羊的波姆，他的转变实在令人惊讶。

我懂。孩子们充满敌意、不友善的理由，我都懂。他们为了隐藏起脆弱又不安的自己，所以故意佯装强硬。我曾经也是这样，当时我心里迫切希望听到的是"你哪有什么问题呀，大家不都是这样长大的"这些安慰的话。最了解这一点的我，很想摸摸这些不安的孩子们，想告诉他们，其实你们与其他孩子一样充满潜能的。这些孩子们也许有机会成为一只鹏鸟，自由翱翔于宽广天际，然而，会不会因为大人的忽略与充满偏见的眼光，使他们根本无法孵化成长呢？

在活动结束后，孩子们的表情变得更柔和了。蓓恩与小敏向我递来手机、跑到我怀里，说想和我一起合照；年纪稍微大一点、很害羞的男孩子们，没有把图画纸丢掉，每个人都妥善地收着。

吴小姐偶尔会寄电子邮件传消息给我，说孩子们想向我问好。十年后，不知道该怎么样找到这些孩子们，但是我真的希望能带着微笑与他们再相逢。

工地里也有
幸福的梦想
07

我到了位于土耳其最西边的岛屿格克切岛。之所以来这个人口不到一万人的小地方，是为了表演肚皮舞！

时间追溯到九个月前的某一天。正当吃午餐的时候，在金融新闻报社负责土耳其新闻的朋友奇安，很高兴地告诉我，他在这块岛屿上买了土地。

"这个岛因为长期是军方基地，所以在开发上一直受到限制，可是啊，那些限制最近被解除了。这里被发展成观光地区的可能性很大，不过却没有一家像样的酒店，我想干脆自己来开一家高级酒店怎么样；在这里弄个不错的游泳池，再来个卖海鲜料理和当地葡萄酒的餐厅。哈，这样想着想着，我就买下土地了。"

"哎哟，你也真是的，恭喜你啦！要是你把酒店盖好，我就去帮你做营销和广告，顺带附送表演肚皮舞一星期，庆祝开业。如果韩国人去跳肚皮舞的话，在那么小的岛上，消息一定很快就传开的！"

"这是个很不错的点子，随时都欢迎你啰！"为了兑现承诺，我把重得要命的肚皮舞服装全部包一包，来到了这儿，但……这里还是一片工地！虽然我有听说施工有延迟，不过已经超过预定开业的日子一个半月了，怎么还在进行内外装潢工程啊！停车场、庭园、游泳池甚至连个开始的样子都没有。我只有很感谢他们因为我这一位客人，将唯一完成的房间整理出来让我住宿。

　　许久不见的奇安，看起来相当疲劳。

　　"我从没想过盖栋建筑是这么辛苦。因为这里是很小的岛屿，根本没有建材，连工人都得从伊斯坦布尔请过来。之前有一次和工人们产生误会，竟然发生他们全部走人的状况。一堆有的没的问题让工期一直延误、钱也一直流出去……已经花掉原本预算的两倍半了。我不断地去银行借钱，政府的要求又多得不得了。我得在自己家里处理公司的事情，所以已经连续几个月，每天只睡两三个小时。"

　　连续数个月辛苦劳累的人不只是奇安而已。包括奇安当建筑师的父母，与原本当都市计划工程师的弟弟，也都在这里待了六个月。现在起码还算是有个建筑物，听说更早之前他们都住在帐篷里。由于施工时程一直追不上进度，大家都承受着强大逼迫感带来的压力。可能因为如此，原本就瘦的奇安似乎又更是消瘦了不少，睡眠不足使他的眼皮下垂、脸上挂着黑眼圈。然而，在为我介绍酒店的各个角落时，奇安的眼睛重新发亮起来。

　　"虽然现在只有一大堆灰尘，但是位在这儿的游泳池，会铺上蓝色瓷砖，那边要放日光浴躺椅。这边是开餐厅的地方，早餐的餐点摆在那边一整排，所有食材都要用有机的，还会提供在本地很难找到的冰卡布奇诺。而那边，在那边我想要放个葡萄酒展示台，把这个岛屿生产的葡萄酒放在那儿。"

　　听完奇安的说明，我可以想象出现在乱七八糟的这个工地，变成美丽酒店的画面。大家也应该都是想象着酒店完工的画面吧，否则大概无法忍受一天十二个小时以上的劳动。

　　我把肚皮舞服装搁到一边、卷起袖子来，决定开始帮忙

梦想在土耳其盖酒店的奇安，终于买下土地，开工了。但超过预定开业日期已久，还在施工当中

施工了。虽然奇安与他的家人都想阻止我，但在工地现场可以做的事，除了动工以外还有什么呢？我们在尚未处理的建筑石材表面，用打磨机打磨；将营业用的大型冰箱，里里外外洗得干干净净；将各种家具搬运到每个房间，亲自组装几十件家具；在院子里种上花草。在将近四十度的大太阳底下做不太熟悉的劳动工作，还不到几个小时就让我快倒下去，所以重复着睡一会儿、再起来做几个小时、又昏睡一会儿的过程。几天之后，我可以与工人们比手画脚沟通了。工地里突然来了我这个亚洲女生一起工作，刚开始的时候，让工人大叔们觉得莫名其妙，以好奇的眼神看待我，后来会对我说"辛苦了"，递给我饮料，吃午餐时会帮我准备餐盘，也为我找阴凉的位子。特

别是清晨最早开始上工的木匠海耳得叔叔，每次都很照顾我，而我见到他也总是想念起我爸爸。

从十七岁到六十岁各个年龄层都有的工人们，来自于土耳其各地，甚至有从格鲁吉亚与阿富汗等地来的。听说他们连宿舍都没有，已经好几个月是在荒地上铺张垫子就睡的。这真是我无法想象的辛苦工作与生活，但工人们都带着很幸福的表情认真做事。在工地上负责打杂的十七岁少年梅苏，说他的梦想是买一辆摩托车，也很得意地说，只要再赚一个月的钱就可以买到了。海耳得叔叔脸上有淡淡微笑地说，他只想成为对别人和社会有用的人，以及上帝忠诚的仆人，为家人努力工作，除此之外没有其他的愿望。

在工地里，一天中会发生好几次停电与停水。曾经有一次因为停水持续二十四小时，所以得付高额的钱请消防局来装满水桶，可是却又不是经过净水的，所以只好全部倒掉。在这种情况下，我注意到一位青少年，只要一没水，他就从清晨忙碌奔波到晚上；他的名字叫泰金，虽然今年才十九岁，已经从事排管工工作五年了。我看着他好奇地想："年纪这么小的人，到底是什么缘故来到这里工作呢？"因此，我找了个时间请他一块儿聊聊天。

泰金来自于叙利亚国境附近的一个乡村，在五个兄弟当中排行老大，因为父亲不断地结婚与离婚，他从小就当着家长的角色。他说从擦皮鞋到卖饼，什么工作都做过。后来念完初中，从十四岁起就与其他排管工叔叔们一起流浪到土耳其，在各地学技术。

"你这个年纪不会想穿好衣服、交女朋友、出去玩吗？"

起初带着好奇的眼神看待我的工人叔叔们，很快地与我成了朋友

　　"女孩子们让我头痛，工作已经够忙了，哪有空为那些女生们伤脑筋啊？"

　　"泰金，你的梦想是什么？"

　　"嗯……为了未来，先预备足够的收入。"

　　"你想拥有什么样的未来呢？"

　　"喔……这个嘛……我没有想过呢……我希望起码不用担心明天糊口的事情。"

　　我突然想起在伊斯坦布尔认识的旅行社老板Ferhat。对
于无数次改变行程的我，他默默地接受各种提出的要求，还
告诉我在更好的酒店里尚有空房，也为我升级客房。我因为
感谢而再去找他的时候，他反倒请我喝饮料，又让我使用他
办公室的计算机与印表机来制作名片与小册。当我与他熟悉
了之后，才知道了他过去的经历。

　　虽然现在是拥有十二名员工的老板，但Ferhat曾经是在
卡帕多奇亚用破烂的英文喊着："导游！只要两块钱！导
游！只要两块钱！"揽观光客的十六岁青少年；他经历过旅
行社员工、导游、酒店经理等工作，最后开了现在的旅行
社。他告诉我，他在故乡卡帕多奇亚正建设高级酒店呢。

　　就像在街上揽观光客的十六岁青少年，过了十七年后成
为旅行社与酒店老板一样，泰金当然也可能成为知名排管公
司的老板，不是吗？我决定采用"诱导询问法"。

　　"如果十年后，我和泰金再一次见面，那时你可能是过
什么样的生活呢？"

　　"嗯……到那个时候，我应该已经有了很多工作经历，
所以可能很会赚钱，也会有房子和车子吧。"

　　"哪种车子？"他想了一会儿，很腼腆地笑着说，"希
望是BMW X5"。

　　"那房子又是什么样的？你想住在哪个城市？你觉得，
像这家酒店一样有座游泳池的房子如何咧？"

　　"嗯……游泳池的话，没有也无所谓，不过我希望要有
院子。以前为了施工，我去过费特希耶，觉得那里很不错，
我想，应该会住在那里吧！"

　　刚开始聊天时他的表情很僵硬，经过幸福的想象后，现

在变得稍微柔和些了。

　　我相信，对自己的未来有没有先勾勒出草图，会产生很大的差异。若有草图，可以大胆以拥有的颜料来绘出美丽的画；在上色过程中若得到其他灵感，当然也就能创作出别的作品。然而，正如没有蓝图便无法盖房子，只是在白纸上随意地涂颜色，可能会出现什么都不是的拙作。即使仅是单纯的梦想，但是想象未来就足以带来相当大的刺激。

　　两个星期后，奇安的酒店开业了。原本堆满灰尘的墙上挂了画框；四处乱七八糟、丢着电线与建材的地板上，如今铺了美丽的瓷砖。我曾一起帮忙搬运家具的房间被整理得干干净净，游泳池畔放着阳伞与日光浴躺椅，看到这些让我好感动。奇安的酒店开业的第一个月，所有的客房都被预订满了。我想，十年后，在土耳其南部海岸的美丽都市费特希耶，泰金的房子会是什么样子呢？

奇安的酒店完工后，比想象中的更棒

Chapter 02

鼓起勇气
敢拼,才不枉青春

我只想与你
白首偕老
01

与已成为朋友的哈里许一起在海边散步时，我们看到了很引人注目的一对男女。在橘色霞光的背景里，相互交换幸福微笑的他们抓住了我的眼神，于是哈里许提议："我们去问问那对男女的梦想是什么！"然后就带着我靠近他们。我向他们说明了梦想全景图计划后，请两人写下梦想。这位男生手里拿着笔，将原本要写"我的梦想是……"的部分，改写成"我们的梦想是……"，接着写下"不止十年，而是一生一世在一起"。

"我的天！这也太浪漫了吧！你们两位交往多久了呢？"

"今天早上才认识的。"

"什么？"对于感到吃惊的我，这位女生笑了。名字叫"安努"的她告诉我，他们两个人是透过社交网站认识，从两周前开始交换短信与通话的。

"我住在新加坡，今天早上来到孟买，从早上到现在，一直和安努在一起。安努带我到孟买各地观光，我们在吃过午餐后，来卡特路这边看夕阳。"住在新加坡、当投资银行家的土印这么说着。

"土印说他的梦想是一生和你在一起……那安努是怎么想？"

"我也是。"安努红着脸这么说，土印的表情就开心了起来。就在我访问过他们后，过了一段时间，土印寄来了喜帖，告诉我他们四月份要举行婚礼了。这对见面不到一天就希望一生一世在一起，还在几星期内就寄喜帖来的闪婚男女！由于我的行程无法配合参加他们的婚礼，让我很遗憾，但没想到不到两个月后，我就在新加坡与土印再次见面了。他告诉了我后续的故事。

"从我到新加坡工作开始，我父母大概是因为担心我会和外国女生交往、结婚，所以不断给我压力，催促结婚。但是我不想被迫与父母挑选的人结婚，因此他们两老要我加入社交网站，多认识点喜欢的女生。我便通过这个方式与几位我喜欢的女孩子互发了信息，但是某天当我与安努聊天时，突然有了感觉，所以我停止与其他人继续来往，开始认真和安努联系。又过几天，我和安努通了电话，实在太聊得来了，所以那两个星期，每天晚上都要讲上几个小时的电话。有一次我去印度北部参加我朋友的婚礼，在晚上十一点和她开始通话，竟然一直聊到清晨三点才结束，而我因为在大冷天里站着讲了四个小时的电话，结果得了重感冒，喉咙完全发不出声音。既然没办法再以电话联系，刚好又遇上圣诞节，所以我就决定飞去孟买了。"土印的脸与声音充满着只有坠入爱河的人才有的幸福能量。

"当我们一见面时，安努不知道有多害羞呢。她很认真地带我到处东看看西逛逛，认识孟买的早晨。我实际见到安努之后，便对自己的感觉更有信心了，于是在吃完午餐之后，我送了她早已准备好的项链，告诉她我爱她。安努脸绯红的说，请我再多给她一点时间。她的回答让我开始着急又担心，很怕她是不是见到我后有所失望。好一会儿时间里，我们俩都没有说话，只盯着大海坐着。这个时候，看见了一对很甜蜜、互相挽着手臂在霞光里散步的老夫妻。我心想：'如果他们就是我们的未来，该有多好啊！'"

土印的话让我也想起那天的晚霞，和圣诞节平安夜里特

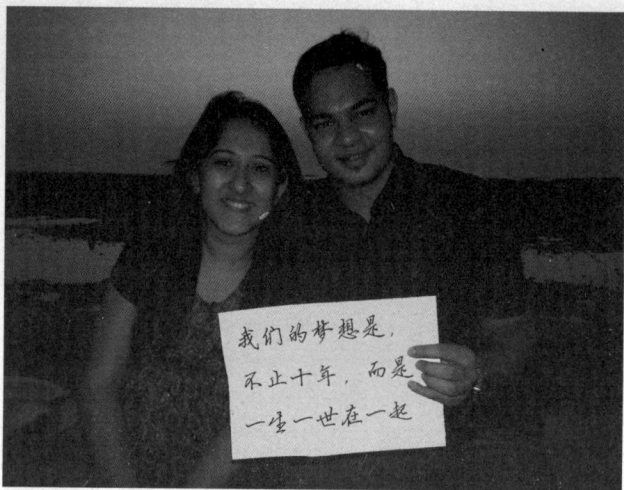

我们的梦想是，
不止十年，而是
一生一世在一起

别红的天空。

　　"恰好就是那个时候，寿映你出现了。你邀请我们在录像机前写下自己的梦想，这让我开始有了各种想法，虽然我也担心过，万一我写我想和她一生在一起，会不会让安努更心慌，不过，我还是决定鼓起勇气这么做。在后来受访的时候，安努说她的想法和我一样，当时我心里真的高兴得要命。因为那一瞬间是我们第一次互相确认了对彼此的感情。"

　　土印很兴奋地滔滔不绝说着，连手上握着的冰淇淋融化了都不知道。

　　"寿映你离开之后，我不知道这一切是做梦还是现实，连安努都问我说：'他们该不会是你雇用派来的吧？'隔天，也就是在圣诞节当天，我们决定结婚。隔了一天后，我们安排两家父母见了面，选择结婚日期。在印度，结婚前有很多得考虑的东西，最大的关卡之一是算命，要是算出来的结果不好，也可能会被退婚。因此我希望能省略算命，但是我父母强力要求，也只好乖乖照办，幸好算命的结果是完美的缘分。此外，安努是婆罗门阶级、我是武士阶级，这曾让我担心过，不过很意外的，安努的父母并不介意这点，所以让婚事很顺利地谈下去，也确定了日子。"

土印与安努在
三个月后成功
结婚了

简直是命中注定的一对。与其说土印与安努参与我的计划，不如说是我的计划临时踏进了他们的命运。土印给我看了他的手机，背景画面是我帮他们拍下两人拿着梦想纸板的照片。

"因为不想和父母挑选的人结婚，所以曾拼命地逃避，但是也因此认识了我深爱的人，共结连理，我真的很幸福。每当我和朋友们说到我和安努的相识过程时，都会谈到寿映你，因为当天那个状况其实就是求婚。如果寿映你能来参加我们的婚礼，会是我们莫大的荣幸。"

和土印见面时得到幸福与充满期待的能量，好像也在我的心里开花了，在返回宿舍的路上我买了一些花。我询问他们的梦想为何，却因此让他们的梦想成真，噢，真是没有比这个更好的了！

我想起了还有一项很重要的因素。当我在意大利拿波里采访时，询问过四十三岁的老光棍保罗的梦想是什么。保罗以相当认真的表情，在摄影机前公开求婚。

"你好，我叫保罗。年纪……虽然已经四十三岁，但是依然还很有活力的！我的梦想……我的梦想是认识比我小二十岁的女生。嗯……嗯……小十五岁也没有关系啦！因为这样一来我才能活得更年轻。"

保罗老实过头的发言，让周围的人哈哈大笑到差点无法呼吸，但他是很认真的。

"国籍不限，但是要漂亮。对，要漂亮的女生才行喔。美丽的眼神、苗条的身材、聪明又亲切……只要你来我这儿，连兰博基尼我都会为你准备好的。"

看来真的很急的他，又轮流用了西班牙语、英语，再加上意大利的第二种语言——超夸张的动作手势——来求婚。

"拜托哪个漂亮的女生来找我吧……"就像土印与安努能够成功结婚一样，我想到如此勇敢的保罗，便很想帮助他认识美丽的女孩，达成他的梦想。各位读者朋友们，拜托、拜托，请多多关照一下他吧！

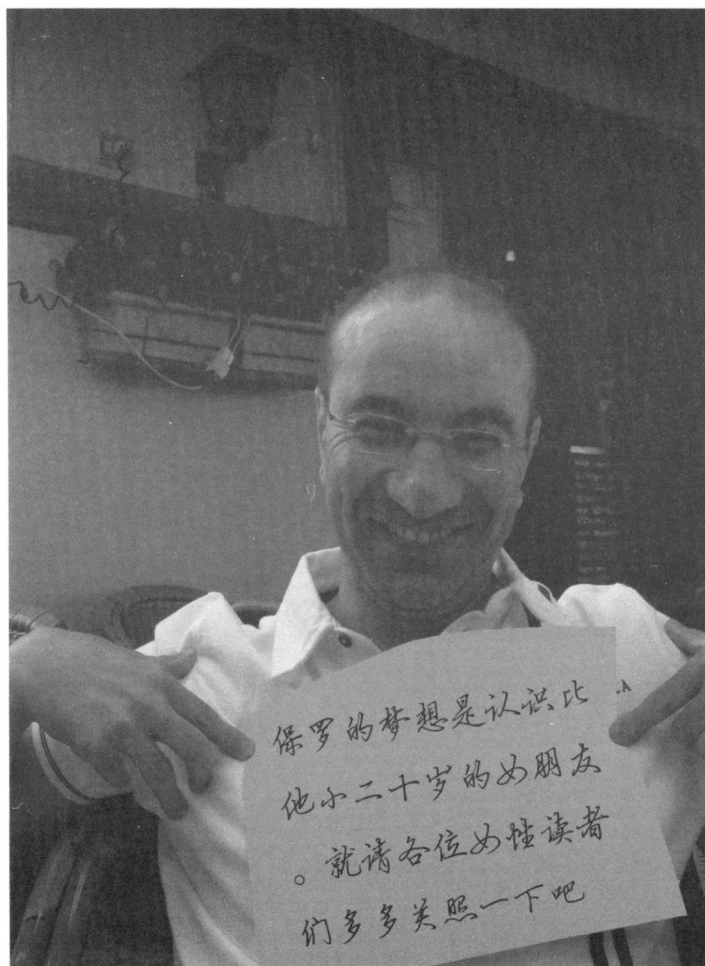

把自己藏起来的
男孩
02

"您的信用卡已经超过使用额度了。"

"什么？啊……那我用现金结账好了。现金……我的现金呢……到底放在哪里啊……"

"寿映，我来结账吧。"在受访者面前真是丢大脸了。短短一个月之内，已经好几次刷爆了信用卡，以后不知道该怎么办。与爸爸妈妈一起到法国与意大利，住很不错的酒店、开着租的车子自由来去、上高级餐厅吃饭的结果，就是在一个月内花掉了一大堆钱。然而，在过去几年早已习惯每次出差都住高级酒店的我，心里着实不大愿意踏进青年旅舍或民宿等地方。正当我为了这个懊恼的时候，我想到了在雅典访问过的苏菲亚，她曾推荐过我"沙发冲浪"网站（couchsurfing.com）。透过该网站可以找到居住于观光地区的人免费为旅行者提供住宿的信息。

我停留在塞萨洛尼基的时候，在下一个行程开始前，拨出一点点的空档，上网去开了个账号，简单写写自我介绍。完成这个步骤后，有位自称迪加尼斯的二十一岁青年男生发来信息，说想和我见面，而且他会来塞萨洛尼基一趟。反正我刚好没有安排要做什么事，加上小我十岁的男生应该不会对我心怀歹念，于是我不假思索地答应了。

"为什么根本不认识的人要花两个小时搭长途汽车来找我呢？我到底该不该去赴约呢？"

希腊的第二大都市塞萨洛尼基，我在这里与"宅男"迪加尼斯相遇

到了约定的地点，看到蓄着浓密胡须与顶着乱蓬蓬头发的迪加尼斯正等着我。望见他不敢直视我又不安的眼神，我顿时感到后悔，心里自忖："他不是什么奇怪的人吧？真不应该约他见面的。"

"你是做什么工作的？"面对如此简单的提问，他却只是东扯西扯、自顾自说着："我刚进雅典大学的时候，是三百个人里的第三十七名咧……"然后，他开始滔滔不绝地陈述无法顺利适应学校生活，以及在学习中经历的困难，同时也将所有的责任统统推到教授身上去。

在离开学校转而学习舞蹈之后，意外发现自己才能的他，全身心投入于舞蹈，有时甚至一天练舞超过十二个小时。但是由于受伤，而且与要求节制风格的老师产生对立，最后他连舞蹈都放弃了，现在成天赋闲在家。他眼神不安地说，越来越觉得自己是个怪人，也觉得待在家看漫画消磨时间的自己真没出息，更担心父母会得知他没在上学的事实。

"我很害怕认识别人。大概就是因为这样，所以我对什么东西都疯狂地投入。"

小时候对漫画着迷而不爱出去玩耍的迪加尼斯，越长大越发现自己所喜欢的东西和其他孩子的兴趣不一样，同时，与别人谈得越多就越感到有距离。因为如此，他渐渐拒绝与别人沟通，独自躲在房里消磨时间。今天他虽然鼓足了勇气，出门来到这儿，可是也依旧不敢直视我的脸，完全就是个典型的宅男。迪加尼斯告诉我，现在学业与舞蹈全都处于停滞的状况，让他既纳闷又恐惧。

看到迪加尼斯，使我回想到自己读大一时期认识的一位同学：总是只身一个人出没、戴着厚厚的镜片、从来不洗而打结的头发、连盛夏时节也穿着长版大衣的他，会在街上大声唱歌，完全不在乎别人的眼光。

当哲学入门课程要上台报告的时候，他在黑板上洋洋洒洒地写着汉字，仰望着天花板热烈谈论苏美文明或美索不达米亚文明，这些是旁人连听都没听过的东西。因为患有鼻窦炎，常常在用力擤鼻涕时，让整间教室同学惊愕的他；教授书写汉字时，只要错了一笔画便立刻大声纠正的他。听说，后来他在全国汉字检定考试得了第一名，并获得保送读研。

有一回，我们班有一组同学将莎士比亚《李尔王》的一部分内容，做成舞台剧代替上台报告。当我在看这一场表演的时候，很担心放置在舞台前方的蜡烛会掉到地板上，而这位同学正好坐在我前面，于是我用悄悄话、小声地请他把那根蜡烛的位置稍微移动一下。谁知道，他竟然转向舞台大声喊起来：

"李尔王！快要失火了！请你先下来灭火！"正在舞台上认真演戏的同学们顿时不知所措、四肢僵硬，而台下的观众全都笑翻了；此后，只要这位同学经过，其他同学们都用这件事取笑他。学期结束的时候，教授问同学们对本学期课程有什么感想，我开着玩笑说："本来很想和正旭交朋友，但是一直都没有机会，让我觉得蛮可惜的。"

大家都知道我是在开玩笑，所以都笑了，但是这位同学似乎不这么认为。在上完课之后他来找我，很郑重地向我道歉。

"很抱歉，我从来都不知道你对我有兴趣。"就这样，我与严以律己的他，极不自在地一起坐在学校大楼前的长椅上，一边聊天、一边喝着自动贩卖机的咖啡。原本被嘲笑是"怪胎"的他，与我之间的对话竟出乎意料的愉快。他是个对哲学、历史与宗教深感兴趣，而且也懂俄罗斯语的怪胎天才，他说自己大部分的时间都在家里看百科全书与漫画，不过在人际沟通这方面则是很不擅长又容易胆怯，所以，其实他不是什么"怪怪的"孩子，只不过是"与众不同"而已。之后，他为了要进首尔大学而办理退学，在告诉我"谢谢你关心我"后，就离开学校了。

想到了正旭，我决定不要批评迪加尼斯是奇怪的人，而要把他视为不擅长表达自己、觉得与别人交流很困难、"与众不同"的人。我下的判断是，与其猛钻问题的原因，倒不如引导他产生正面的思想。因此，我问了迪加尼斯他的梦想是什么，也就从这儿开始，他的表情变得不一样了。原本一直批评别人，或使用负面口气说话的他，遣词用字有了变化，带着微笑说话的同时，眼神的焦点也镇静下来。

"我希望能擅长和别人交流，也想从事漫画创作。还有，希望待在家里的时候，气氛能轻松一点。"

"那么你应该怎么做呢？"

"嗯，应该要认识更多人吧？所以最近我透过沙发冲浪

网站，邀请外国客人来我家，或是带他们去观光。讲到漫画创作的话，不晓得先拿一些作品当练习好不好？然后就是在家里的时候……和爸爸妈妈之间的关系还是满不自在的……其实他们连我已经没有念书的事情都不知道，但是我想今天回去说说看。"

我也曾经历过被排挤，在出版第一本书之前的六个月里，过着像"宅女"般的生活，当要重新与别人交流的时候，觉得浑身很不自在、压力又大，花上好几个月时间才恢复成原本的我。然而，与其总是怀疑自己，想着"我与人家不同""我不太会和别人对话"，龟缩于自己专属的洞穴里，不如踏出去聊聊天试试看，将会发现虽然阳光有点刺眼，但在这个世界上有着那么多的好人呢。

每个人都明白自己问题的解决方法，因为最懂自己的不外乎就是自己本人。然而，许多人由于过分专注于眼前的问题，对解决问题的方法一点也不想思考。某些人费力地向周遭哭诉苦情，或四处找寻能引导自己的人，这些也许都只是一边希望别人明了自己的困扰，一边表示内心孤单的行为罢了。迪加尼斯也不例外，他对自己的问题比谁都清楚，也知道解决之道，他只是为了想拿出勇气，所以花了两个小时乘车前来，在陌生人面前表达自己的决定而已。

四个月后，他发了电子邮件来。

寿映，你都好吗？我一直关注着全景图计划，支持你。

（中略）在过去四个月，我带了来自二十六个国家的七十一个人；在带他们去参观雅典的过程中，发现从前面对别人会有的不安感明显降低了，而且我的个性也变阳光了些。虽然自己偶尔会有不知不觉生气或无法隐藏忧郁的情绪，让气氛变得很别扭，但是我相信时间会帮助我解决这一切的不完美。不久前，我曾接待过的苏格兰朋友邀请我去爱丁堡一趟。虽然从来没有离开过希腊，但是却不再像以前那么担心了，我还直接去买了飞机票呢。老实说，这是我头一次这么即兴地下决定，我想，要是只会一直担心、犹豫，绝对没法子拿出勇气出国旅行的，所以当场做决定买的。这次出去一趟的话，以后也可以去更多国家了吧？

四个月里七十一个人……几乎每四天就招待一位新的客人，这等于是完全放弃了自己的个人生活。此外，同样的观光地区去了七十一次也一定很腻了，不过这么努力、为了改变自己的个性的他，真的令人感动到流泪。对于如此拿出勇气的他，我也回复了支持的话语。

几个月过后，他再发来消息，说到目前为止，带过的客人已经超过一百人了。以这样的方式，一个一个与别人认识、增强社交性与自信感的他，继苏格兰之旅后，还去了法国与爱尔兰，他甚至还应韩国朋友的邀请，去韩国旅行了两个星期。虽然我们因时程不合而无法再见面，但是由他寄来的微笑照片中告诉我，在韩国时，他与很多人一起共度了愉快的时光。我非常期待与带着那种微笑和自信的迪加尼斯有再相逢的一天。

这条路的尽头，
是称之为"你"
的一棵树

03

中国陕西省西安市，曾经是唐代灿烂文化的盛开之地，我趁着周末到这里来休息。白天参观秦始皇的兵马俑，晚上到回民街吃晚餐。到了晚上，听见沿着西安南门古城墙传来的阵阵乐声，便朝着那儿走去。时间虽然已近半夜零点，但在一间叫"那是丽江"的酒吧里，也许因为有现场音乐表演，使得客人络绎不绝。室内座无虚席，我只好坐在户外，和服务员点饮料时，对方听不懂我拗口的中文而不知如何是好。

"你要什么呢？"此时，我听到了熟悉的英语。

"啊，我不想喝酒，不过也不想喝红茶，所以想问问有没有无酒精、无咖啡因的饮料。"

"那么，来杯果汁或碳酸饮料怎样？"

"那我点果汁好了。您是老板吧？"

"我太太才是老板，我是店长。"

"喔……是吗。老板现在好像没在店里啊？"

"她已经不在了。"

"……"我没料到当晚因巧遇而有的这番谈话，到最后竟让我整夜无法入眠。店长的名字叫凯文，五十一岁。来自新加坡的他，在离婚后到中国广州当会计师，四年前在网络上认识了住在西安的作家璐璐，之后两个人的关系快速发展起来，凯文每个月都去西安找璐璐。然而，就在他决定要向璐璐求婚的时候，璐璐竟然被诊断出得了癌症，于是凯文辞去工作，并且搬到西安开始照顾璐璐。而一开始表示拒绝、说不想枉费凯文人生的璐璐，在半年后答应了凯文的求婚。

婚礼当天，璐璐的眼泪比一般新娘子更多。不知情的宾客们还以为她是因为凯文太爱她，爱到辞掉广州的工作来西安与她结婚，所以让璐璐这么感动。婚后，他们俩到云南的丽江度蜜月，迷上丽江的璐璐，后来也再去过那儿住上了一阵子。

凯文木然地望着正在酒吧里表演的歌手，继续说着。

"丽江有很多流浪歌手，他们在街头表演、卖自制的CD维持生计。回到西安后，璐璐想创造出能回忆起丽江的那种空间，于是开了现场表演酒吧，让流浪歌手们到这儿来表演。璐璐自己是个一辈子没出过书的作家，所以想为其他艺术家们提供机会。"

"她应该是心地很善良的人。"

"是啊，璐璐是个外表与心地都美的人。年轻时她当过模特，赚钱来帮助生活困苦的人，同时，她也是个拎着背包到处旅行的自由灵魂。在四川大地震过后，她到那里做了很长时间的义工，一直到她父亲病重才回到西安。"

隔壁的邻桌有人打破了杯子，暂时中断了谈话。我想象着璐璐带着自由灵魂的模样。

"2010年10月22日，璐璐离开了这个世界。她想把自己的遗体捐出去，帮助医学发展。因为在西方国家，一个医学院学生能够解剖十具人体学习，但在中国，是几百个学生观察一具人体的解剖。不过，人体捐赠并不是常有事，得经过各种复杂的程序，后来好不容易由红十字会帮助我们完成了遗体捐赠。为了纪念她的遗志，以璐璐的名义成立了一个基金会，帮助其他癌症病患。"

除了彼此相爱，这两个人也爱惜地球上所有的人类与生命，因此在濒临死亡前，一个人毅然决定将自己的身体捐赠于解剖实习，另一个人则愿意将至爱女人的身体交予冰冷的手术刀。我相信，他们这般的舍己奉献，会让更多医生救助更多生命。我也想起我梦想清单中的最后一项也是器官捐赠，这是在我死后才会实现的最后一个梦想……

"不过，距今已经一年半多了……您依旧守护着这家酒吧呢。"

"这是璐璐最后的作品，我当然要守护。"

"原来如此，所以刚刚我问您是不是老板时，您回答我不是。"

"因为这家酒吧永远是她的。"这家酒吧里，应该没有哪个角落是没经过她手的。也许现在她的灵魂会不会是轻轻地坐在一旁的椅子上，看着对话的我与凯文呢？

"凯文，您的梦想是什么？"

"就像璐璐的心愿一样，持续开着这家酒吧。在丽江的时候，她也曾说过想开一家青年旅舍，为别的旅行者提供落脚之处，所以我也想开一间旅社。我希望用这些方式来纪念她，利用从这儿赚来的钱帮助更多的人。一直以来，我就想为这个地球做点事。"

"璐璐有了凯文，应该过得很幸福。"

"婚礼的时候她曾对我说过，自己的名字璐璐里，有两个'路'字重复，而我中文名字的最后一字是'树'，这就表示一辈子在路上彷徨的她，在漫漫长路的尽头，终于找到了可以依靠休息的一棵树了。能和璐璐共度她人生的尾声，让我感到幸福。"

"您觉得，某一天有可能会再爱上一个人吗？"

"不晓得。再过五年、十年后，我的心也许会麻木一点……但是目前她

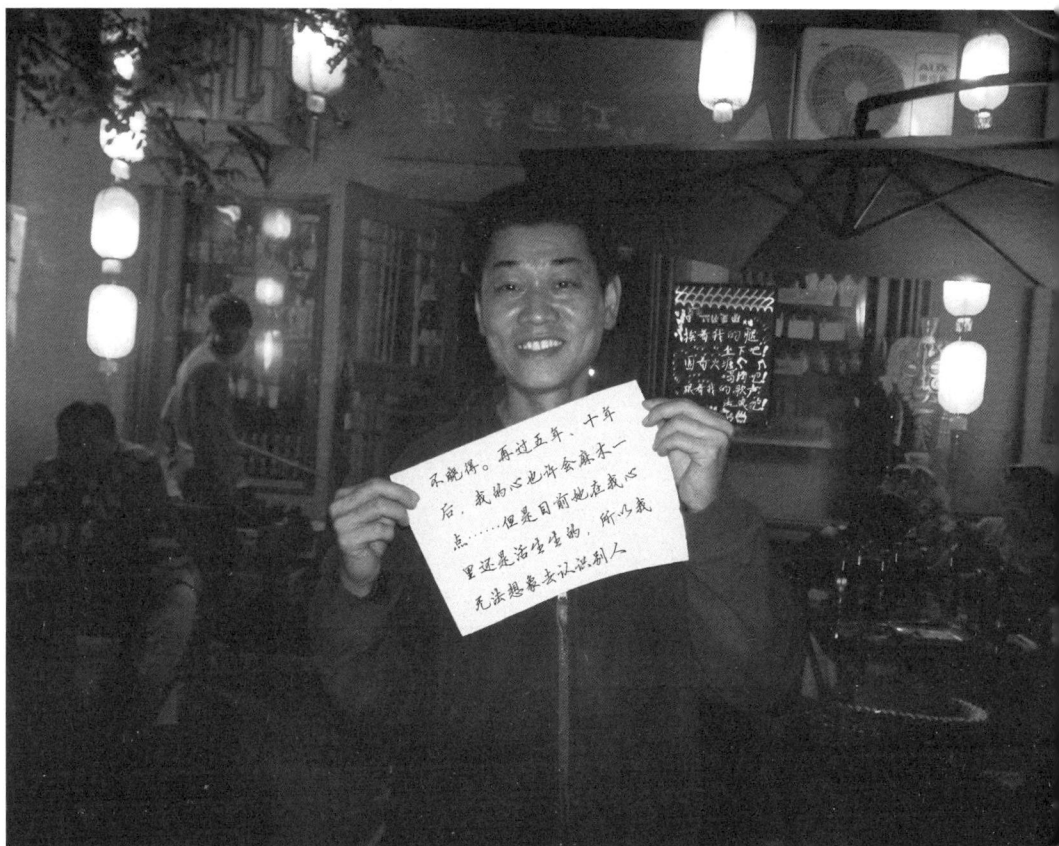

在我心里还是活生生的，所以我无法想象去认识别人。"

我曾经像这样深爱过哪个人吗？虽然璐璐已不在这个世上，可是我却非常羡慕她。

"璐璐的梦想是什么？"

"璐璐原本写爱情小说，后来想出版带给年轻人灵感的书，所以学了心理学，而且直到过世前都很认真地学习辅导技巧。她的一本作品写到了百分之九十，但因为她过世了，所以……。不过，我怎么样也想把它出版看看。"

我感到一阵无法呼吸。璐璐那么想成就的梦想，我是不是得来太容易？对于一辈子连一本书都无法出版的她，我感到抱歉。虽然我想说些安慰的话，但溢出的眼泪让我无法开口，我只默默地握了握凯文的手，他的眼睛也被眼泪润湿了。好不容易我挤出个微笑告诉凯文，我会更努力活下去，替璐璐成就梦想。

走回西安南门的路上，在"那是丽江"酒吧表演的歌声一路随着我，传到远远的地方。生平未曾谋面的这个女人——璐璐，那天深夜里，我想着她的爱与梦想，久久无法成眠。

我想通过音乐
改变世界

04

在康德的家里，很自然地涌出艺术灵感，
我在那里疯狂地完成耽搁了很久的文章。
此外，每天晚上还随着他们即兴的吉他演
奏唱歌

伊朗已经进入秋天了。白天是舒适的二十七摄氏度,但一到了晚上就吹起冷飕飕的风,这种夜风让我有点怀念起从前。可能是因为有好一阵子,都只在炎热气候的国家旅行的缘故,因此,当我在德黑兰散步的时候,好似走在首尔的街道上,感觉很奇妙。

我在到伊朗之前,曾找过可以帮我制作梦想纪录片的人,通过沙发冲浪网站,认识了当纪录片导演兼音乐家的康德。我与他用电子邮件沟通了数十次,讨论有关拍摄的方式,后来他干脆邀请我到他家住宿。他家有四个成员(当电视台制作人的父亲、做玻璃工艺的母亲、康德、梦想成为平面设计师的十七岁小妹洁莉安),我在那里住了一个星期,同时学习纪录片的拍摄方式。虽然康德的家很是老旧,但四位家人的艺术作品占满墙壁。在仅有煎蛋与白饭的餐桌上,他们的笑声不停。一回到家就立刻脱下头巾、换穿彩色衣服的洁莉安,画画时会突然朝自己的脸上着色,有时也穿着不属于十七岁、超龄的华丽衣服,站在哥哥的相机前摆姿势。康德的妈妈像个少女,即使是一点点小事也很容易逗她开心。而像漫画角色一般富含幽默的父亲,领着我四处观光。长时间独自旅行的我,偶尔会撒撒娇叫他们"爸爸""妈妈"。

在康德的家里,很自然地涌出艺术灵感,我在那里疯狂地完成耽搁了很久的文章。此外,每天晚上还随着他们即兴的吉他演奏唱歌,也学了影像剪接技术。

与他们一起生活的时候,我认识了康德的朋友马基德。他常常在晚上带着吉他前来,与康德父子一块儿弹吉他。他们不会特意挑曲子,只要马基德抓到吉他旋律、康德间奏、康德的父亲将吉他翻过来当成鼓来拍打,立刻就变成即兴演奏会。

为了达成音乐家的梦想而住在康德家地下仓库的马基德,虽然未曾出过国,但是他以前在酒店餐厅当服务员时,学会了流利的英语。他告诉了我一个故事:

"在意大利的某个贫穷家庭里,有两个想成为画家的兄弟。虽然两个人都想当画家，但因为太穷，所以无法同时上美术学校。这两个兄弟决定丢硬币来选择，若翻到硬币的正面，哥哥去上学，但若是背面，就是弟弟上美术学校，哥哥去赚钱；结果哥哥赢了，所以靠着弟弟当矿工赚来的钱，可以进入美术学校了。时间过去，到了他们近三十岁的时候，哥哥已是一名成功的画家了，因此他告诉弟弟说：'现在轮到我来让你实现梦想了。' 然而，他弟弟伸出长期劳动而变粗的双手，说：'哥，你看看我的手。这种手已经无法再画画了。'这位哥哥看着弟弟的手，画了一幅作品，命名为《崇拜》。这件作品成为他一生不朽的名作。"

"……"

"我在十八岁的时候，发现了梦寐以求的吉他，它要价将近三百美元。这几乎是我父亲当时一个月的薪水，也是我们一家六口的生活费用。可是我无法忘怀那把吉他，于是拜托乐器行老板，请他千万别把吉他卖给别人，因为我一定会再来买它的……虽然我根本没有什么方法。在我生长的南部地区生产石油，我家附近有很多油井，因此我到那里去当工人。一个月就赚了一百美元。五个月之后，终于买下了那把吉他。"

马基德沉思似的略顿了一下，接着又继续说下去。

"我从小喜欢英语，也说得不错，因此帮国外的工程师和技术人员当翻译，最后都没空碰吉他。此后，为了学习音乐，做过几十种工作，但是当工作占去了大部分时间后，也就没法子上音乐课了，这真是矛盾。在伊朗，有很多人的情况就是这样，虽然有梦想，但为了成就这个梦想，他们得绕很长的路；然而，因为绕的路实在太长了，于是连自己现在是在哪里都不知道，只顾着拼命地走，最终忘记了原本当作目的地的梦想。我也一样，在过去十几年里，为了学音乐，做过那么多工作，直到某一天恍然大悟，像这样过下去，我可能会忘记自己的梦想与人生的目的。为了投入所有精力于音乐，我来到德黑兰，不管是什么事情，我只想做与音乐相关的事。"

他开始弹着吉他，唱鲍伯迪伦的《敲着天堂之门》。弹奏吉他的，不是他的手指，而是他的人生、热忱与梦想；唱出歌来的，不是他的声音，而是人生的悲与欢。

"有的时候我这么想，当音乐家是个多么平凡的梦想呢？可是，我为什么出生在如此贫穷的家庭？为什么这样辛苦？这些疑问都让我叹气。幸亏，有康德家人给我的照顾，我才得以免费借住在这栋房子的地下仓库里。原本是堆满灰尘的仓库，好好整理打扫后，贴壁纸、铺上地毯、接通电线，就变成我的房间了。现在起码我不必为房租担心，可以只专心于音乐，这让我感到很幸福。"

我离开伊朗之后，马基德曾发过几次电子邮件给我。他说想到别的国家从事音乐工作，但是因为西方国家的签证不易取得，而且也需要很多钱，所以正在存钱，打算到印度去。和他最后一次相谈的对话，随着他唱的歌曲一起在我心中打转成旋涡，仿佛在黑暗中轻敲天国之门……

"马基德十年之后会在哪里做什么？"

"我想用音乐来改变世界。十年后再见到我，我可能已经是出过专辑的音乐家了。而且我应该是正在环游世界，在非洲的某处听着部落的音乐并抄记下来，我会像这样在地球每个角落接收灵感，然后用来做更好的音乐。融入我人生的音乐、可以疗愈别人的音乐……"

"你幸福吗？"

"我努力幸福，尽我全力。"

一只梦想的
布娃娃
05

　　由于停留在土耳其的三个星期里，得到了满满的"爱"，使得之后要前往的格鲁吉亚让我感到很陌生。在格鲁吉亚当地的外国人不多，所以无论走到哪里都会受到别人眼光的洗礼，可是真正会朝着我微笑或说话的人，一个也没有。英语讲不通，我也看不懂弯来扭去的格鲁吉亚文字，真是闷透了。

　　抱着希望能认识别的旅行者的想法，我住进了青年旅舍，但是投宿在那儿的人全都来自前苏联地区，沟通上也只用俄罗斯语，完全无法加入对话的我，感觉更加寂寞了。在一般国家里，通常不太难找到会说英语的人，不过在前苏联地区里偏偏不一样。我开始后悔以前怎么不学点俄罗斯语。

　　在温度升到四十摄氏度的蒸笼天气下到处奔走，让我脾气很坏，再加上没有一个可以讲讲话的人，我既懊恼也考虑要不要直接离开格鲁吉亚算了。然而，青年旅舍的波兰人老板彼得大概是可怜我的这种处境，所以提议问说要不要一起去趟东部的卡赫蒂省，我这才知道格鲁吉亚是个葡萄酒产国！原本梦想成为葡萄酒品酒师的我万万不能错过这种机会。因此我们立刻打包行李，坐上小巴出发前往葡萄酒庄了。

　　我们在开葡萄酒庄的威加爷爷的家里借住了一晚。除了葡萄之外，宽广的院子里也结着西红柿、节瓜、茄子、黄瓜、青椒等各种蔬菜果实。当威加爷爷的太太思瑞娜把晚餐端出来的时候，我们不由得瞪大了眼睛，因为全部都是用自家院子里种的蔬菜所做出的健康食物；摆盘整齐，颜色又鲜艳，而

不断举杯庆祝的威加爷爷

且如此美味！这顿令人感动的晚餐的最高潮，是以他们葡萄酒庄自制的葡萄酒共同举杯祝贺。可能是因为他们是葡萄酒产国的缘故，在格鲁吉亚相当重视举杯时说的祝辞。威加爷爷花了长达约十分钟的时间，向我们这群到访的客人说着感谢之辞，接着祈愿格鲁吉亚的繁荣，甚至还提到韩国与格鲁吉亚两国建立合作关系。当太阳下山时分，我们边品尝美食、边欣赏遍布于天空的星星，威加爷爷不断地劝酒干杯，那天晚上不知到底喝了多少葡萄酒。在第比利斯（Tbilisi）因寂寞与生疏而冻结的心，在他们热情的欢迎与葡萄酒招待下，早已不知不觉地融化掉了。

隔天早上居然完全没有宿醉。我带着清醒的头脑与威加家族一起共进早餐，趁此机会请每一位写下自己的梦想。威加爷爷梦想格鲁吉亚成为和平又具有影响力的国家，蒂娜奶奶写着子孙们的幸福，儿子尼可写他想要盖酒店，媳妇思瑞娜则梦想住在首都第比利斯。还有五岁的孙子尼古沙，他写下希望有一个很大的娃娃。当我与他们道别时，也在心中祈愿他们的梦想成真。

离开格鲁吉亚之后，我继续往亚美尼亚去。当我抵达连名字听来都很陌生的亚美尼亚首都——埃里温时，立刻感到大大的诧异。城市里有美丽的建筑物与喷泉，到处都开着的欧风露天咖啡厅里，美女们正喝着咖啡。在共和国广场上，每天晚上会进行两小时、绝对超乎预期的华丽喷泉秀，而从四层楼高、顺着白色阶梯直直往上延伸的喷泉里，一眼可以看见埃里温的迷人夜景。

我不知道是亚美尼亚人格外亲切还是因为那里都没有亚洲人，反正我在那里得到了几乎是大明星等级的欢迎。我与当地的朋友一起去酒吧时，还被邀请去拍电视广告（但是因行程不合而无法拍摄，实在太可惜了），我的故事在俄文报纸上刊载，甚至亚美尼亚国营电视台的新闻里也介绍了我。

有一天在我住宿的饭店柜台，有一位穿着西装、未曾谋面的男士在等我回来。

"你好，你是金寿映小姐，对吗？我是任职于亚美尼亚领导力学校的森贝尔。"

森贝尔告诉我，隔天领导力学校要进行征选2011、2012年度新生的面试，他们郑重邀请我参与，担任面试官。听说领导力学校是培养肩负亚美尼亚未来重任的下一代领导者为目的的教育机构，他们与世界各国的学校、团体以及舆论领导们建立合作关系，举办演讲、工作坊、研讨会等活动，培养学生的领导力与提供建立人脉的机会。除了提供养成世界级领导课程以外，他们希望征选新生的过程里，也有外籍人士的参与。因此当听到有一位来自韩国的"梦想制造家"消息时，就直接找上门来。虽然森贝尔突如其来的邀请让我有点不知所措，不过我想这对我而言也是个不错的机会，所以欣然答应了。

隔天一早，很难得穿着连衣裙与高跟鞋的我，化好妆就往面试场合出发了。面试官包括领导力学校的森贝尔和瓦尔登、一位来自芬兰的企业家、英国文化院的教育课程主管，还有我，总共五个人。面试要花好几天时间进行，今天我们要面试的申请者有二十个人，每位申请者有二十分钟的时间，所以大约是长达七个小时的面试。以前我曾经参加过征选实习员工或职员的面试，但是那天是我头一次参与选拔学生的面试，所以我有一点紧张。面试开始了，第一位申请者走了进来。面试的提问大多是有关自我介绍、个人优缺点、领导人的素质、针对亚美尼亚未来的建议等多样化的问题，然而我几乎都在询问他们的梦想是什么。

一位穿着整齐洋装的通信公司员工进来了。

"你的梦想是什么？"

我担任领导力学校的面试官，与将要开拓亚美尼亚未来的应征者见面

　　"我希望在三年之内成为部长，十年之内成为董事。"

　　"我说的不是职业发展计划，而是你的梦想。你的梦想是什么呢？"

　　"我的梦想吗？我其实没有准备这类问题的答案呢……"

　　"你只要轻松地说说自己的愿望就行了。"她原本说："嗯……我想与相爱的人结婚生子，幸福地过生活……"但在查探我们的眼色后，马上改口说："不过……也想成为成功的领导者！"其实，有哪件事的重要性会胜过与相爱的人结婚、共度幸福生活呢！所以我露出了大大的微笑。

　　想要成为联合国秘书长的研究所学生、主张要执行农村革命的二十岁青年、说着希望要成为国际级职业女性的银行员工、想成为一位母亲的电子公司干部，等等，虽然每个人正过着各式各样的生活，但他们的梦想都差不多。而让我留下最深刻印象的，是非常关心女性问题的一位申请者。

"我不知道可不可以谈这种话题……亚美尼亚有很多女生在纯洁强迫症与由男朋友而来的压力下，两人的性关系变成一种模拟式的性行为而感到很痛苦。我想执行性教育，好让他们在这方面有安全又愉快的互动。"

从早忙到晚，完成马拉松般的面试后，我们带着疲累的身躯到附近的意大利餐厅去，吃着披萨、谈很多话题。在领导力学校的职员——漂亮的安诺许小姐，对于梦想全景图计画问了很多问题。

"你目前所听过的梦想故事中，最感到意外的是什么？"

"嗯，有一个……虽然不算是很令人意外的……但我在格鲁吉亚曾住过的民宿里，那一家有位五岁的小朋友，他梦想拥有一个很大的娃娃。真的很可爱吧？"

"哎哟！刚好我有一只很大的泰迪熊，因为房间越来越挤，所以也考虑过到底要不要把它丢掉，可是我和这只娃娃一起有过的回忆，让我下不了决定。如果有人愿意珍惜这只娃娃，我想送给他。"

"哇，太棒了！我们把这只娃娃送给尼古沙吧！"在格鲁吉亚与亚美尼亚，不像韩国有建立良好的宅配或海外配送服务，而尼古沙的家又是位于乡下地区，因此想配送体积庞大的娃娃，没有想象中的容易。因此，先拜托了从埃里温要到提比里西的人，接着再托给从第比利斯开小巴到尼古沙他们家附近都市的驾驶，最后在那个都市里找到住在尼古沙的村落的人，透过他，终于成功把娃娃送达了，整个过程长达一个星期。虽然是个不容易的过程，不过安诺许靠着不屈不挠的毅力，费了好几天打电话给这流程的所有人，终于将娃娃送到尼古沙手中。

尼古沙的妈妈寄照片来通知我们，尼古沙已收到了这只娃娃。大概是对料想不到的礼物太惊讶，照片中的尼古沙瞪着大眼睛，坐在像真的熊一样大的娃娃旁。我记录着："有一个梦想成真了"，并将这张珍贵的照片传给安诺许，而安诺许被自己帮助别人实现梦想的这件事深深感动。虽然我和安诺许只共处过几小时，但之后每逢圣诞节与我的生日，安诺许都会发来她的祝福。

尼古沙的娃娃只是一个小小的例子，可是我认为说出梦想就等于拉近梦想成真的机会。根据"六度分隔理论"，世界上所有的人在至多六个阶段之内都能够认识到。若我们常常说出自己的梦想，这件事就会一直被传达出去，最后很可能会联结到能帮助我们实现梦想的某个人。正如我在亚美尼亚的新闻里被介绍过，所以去了领导力学校当面试官，最终帮助尼古沙的梦想成真。

在某一次演讲当中，我将白纸发给听众，请他们用三分钟时间写下他们的梦想。当我在听众席之间来来回回走动的时候，发现有个人完全没动静，于是我问他为什么不写，他竟然回答我说，因为没有笔，所以想等旁边的人写完再借。其实，他只要说句："有人还有笔吗？请借给我！"有多余的笔的人一定会借他的，然而他就这样白白浪费了自己的三分钟。正如西方有句话是这么说的："某个人的垃圾会是别人的宝物"，世界上正等着被善用的资源与机会多的是，只是我们不肯努力寻找它们而已。

即使是看起来不可能成真的梦想，但这世上的某个角落一定会有乐意帮助我们实现梦想的人，因此说出梦想非常重要。我们可以坐着枯等浪费三分钟，也可以成为尼古沙。

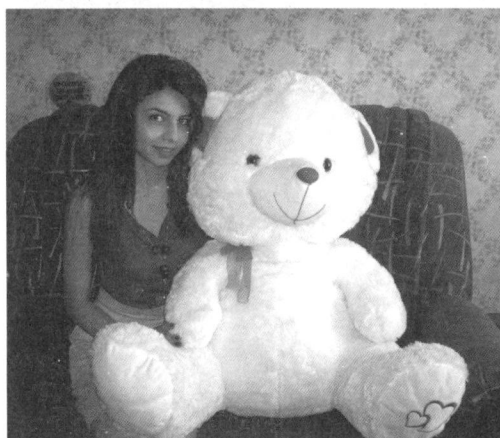

安诺许的娃娃花了长达一个星期的时间，辗转
经过好几个人，终于到达尼古沙手上了。说出
梦想就会拉近梦想成真的机会

Chapter 03

保持渴望
每天浇灌"渴望
之心",梦想之
花才不会枯萎

我要去中国
当一名保镖

01

"好久不见。"

6月3日，虽然梦想全景图已经展开，但是与过去的缘分还没有完全切断，为了将业务交接给接手的同事，我得再去趟办公室了。在平常忙碌进出的大门口，今天只不过是脚步稍慢了点，但是一位穿着反光背心的警卫似乎早就知道我大概一个月没来上班，所以对着我打招呼。

我看看他的脸，记不得他到底是谁。可能只是平时无意间说着"早安"经过的几位警卫之一。对他而言，我应该也仅仅是进出这栋大楼的三千人之一罢了。不过，他竟然记得我这个人，像是我曾经在这里待过的证明一样，这让我挺开心的。此时，我心里忽然想到了这个疑问：

"在这栋办公大楼上班、每天与我擦身而过的这么多警卫与清洁人员，他们过着什么样的人生？又有什么样的梦想呢？"

有位来自乌干达的同事曾告诉过我一件事，原本当老师的他，得到了英国政府奖学金而来到英国，在伦敦政治经济学院读硕士班，为了赚取生活费，他决定去做清洁人员。上班的第一天，管理他的上级叫他"喂，扫地的"让他万分惊讶，从前总是以姓名或"老师"被称呼的他，当下成了没名没姓的"扫地的"。此外，他也领悟了自己从未关心过的那些无名清洁人员，其实各个都是有名字、有故事、有梦想与尊严的。他告诉我，打从那件事情后，他就不随便对别人呼来唤去。

曾有一首诗写道："在我叫它名字前／它只不过是／一个东西而已。／当我终于唤出它的名字／它来到我这儿／变成了花。"我决定要问问那位认出我的警卫的名字，过去四年里从来没想过要问。他的名字是保罗，今年二十九岁，出生于军人家庭的他，从高中毕业后就进入英国军队，在历经六个月派兵伊拉克的期间，明白军旅生涯不是他要走的路。之后，透过派遣公司当了八年的警卫。

"保罗，你的梦想是什么？"

"我想去上海当私人保镖。"

"为什么要在上海呢？"

"我在2008年去过上海，那个时候喜欢上了中国文化与中国人，所以现在只要一有空我就学中文。"

"那私人保镖又是怎么想到的？"

"除了比警卫能赚更多钱以外，工作本身的主动性也比较多。上海是有钱人的都市，他们应该会很需要私人保镖吧？我也因此正在上保镖训练课程。"像是办公室的复印机或电话机一样，几年间都不知道有这个人的存在，但是保罗的回答却让我感到新鲜的震撼。拥有高贵的梦想，并且往梦想一步步前进，正如他一样，在这个地球上的七十亿人口，每个人对别人而言都是特别的存在。然而，在我人生里错身经过的数万人当中，我到底向几个人表达过关心呢？可曾打开心胸看过几个人的人生、向几个人问过他们的梦想为何呢？

"我们都想／成为某种存在／你对我、我对你／想成为不被遗忘的一种眼神。"——金春洙《花》

过去我总是忙着讲自己的话，只想实现自己的梦想，却

没有时间照顾别人的梦想。未来的一年里，我要敞开心胸来观察别人的人生与梦想。在这条路上认识的每一个人，我想成为对他们来说的某种存在，即使是非常微小的。他们对我而言，也会成为一种特别的存在吧。

现阶段正在存钱、无法马上去中国的保罗拜托我说，若我去北京，能不能帮他寄张万里长城的照片。虽然要在十一个月之后我才能履行这个承诺，但是，我的"梦想全景图"就这样从起跑点出发了。

在第一次访问之后的隔天，我在公园里遇见一位戴着帅气帽子的警察。我向他表示了想要访问他，他便很感兴趣地写下自己的梦想，然而，就在我请他拿着那张纸拍照时，他忽然严肃起来了。因为，将来他有可能成为卧底，所以不但拒绝受访，还说不能暴露出身份，甚至撕掉了纸张。我可是鼓起十足勇气才向陌生人开口说话的呢……就像被撕掉的纸一样，我的心也被撕裂了。我真的能够在此后的一年当中，在连语言都不通的国家里，访问有迥然不同人生背景的三百六十五个人吗？

拖着沉重的身躯与心理在回家的路上，看到了站在地铁站剪票口的五十多岁职员，好奇心忽然又发动了。每天有三百四十万人忙碌移动的伦敦地铁系统，那么多人走经这个站里某个角落的人，却好像经过风景一样，从未有人在意的他，到底有什么样的故事、什么样的梦想呢？我决定要问他的名字。

"你好。我是来自韩国的作家，正在环游世界采访别人的梦想。不晓得你愿不愿意告诉我你的梦想是什么呢？"

彼得叔叔没有半点犹豫，立刻在纸张上写下自己的梦想

我想成为一个歌手

彼得叔叔没有半点
犹豫，立刻在纸张
上写下自己的梦想
是成为歌手

是成为歌手。对于感到意外的我，他说虽然白天他是地铁站工作人员，不过到了晚上就在酒吧里演出。然后他当场唱起歌舞剧《绿野仙踪》里的一首歌《彩虹彼端》。

Somewhere, over the rainbow, way up high,

在彩虹深处无边的穹苍，

There's a land that I heard of once in a lullaby.

有片曾在我摇篮曲中出现的大地。

Somewhere, over the rainbow, skies are blue,

在彩虹深处是蓝天，

And the dreams that you dare to dream really do come true.

美梦，只要你勇于拥有它终会实现。

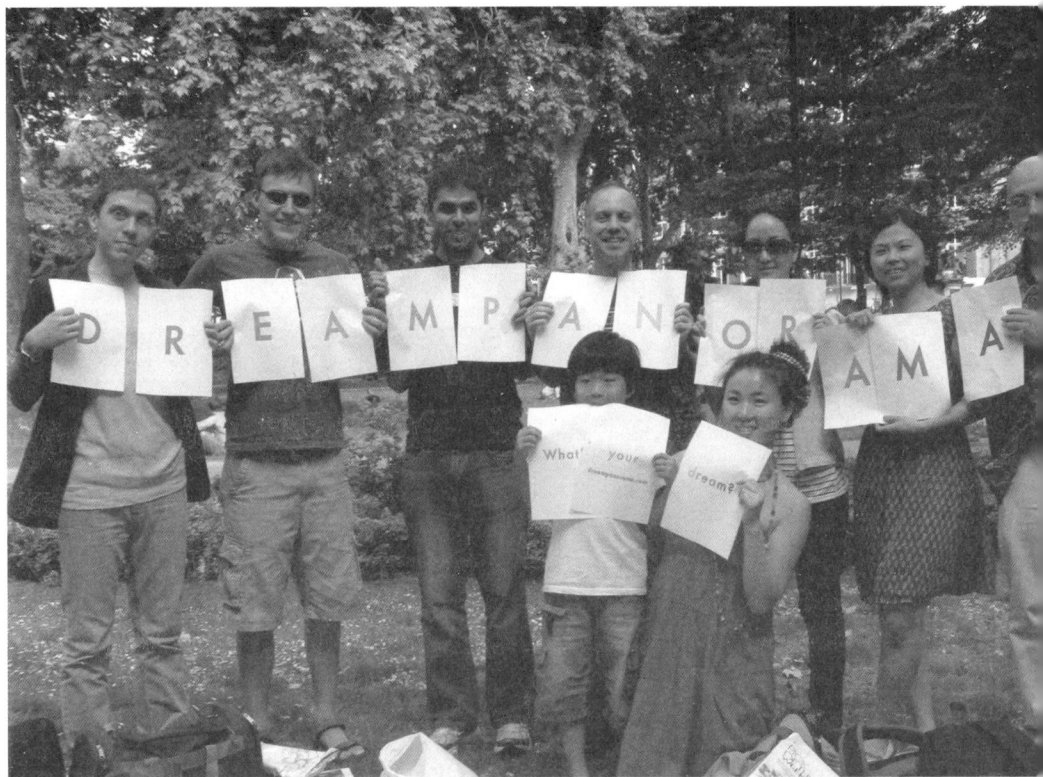

为了与更多人分享梦想，我在世界各地都市里举办过"梦想派
对"。照片为梦想派对现场

听到他唱的歌，让我的心回想到小时候在《绿野仙踪》里看过的画面。桃乐丝与朋友们为了与伟大的魔法师奥兹见面，克服各种逆境前去翡翠国。奥兹其实只是个普通人，他给想拥有头脑的稻草人一个用粗糠做的头脑，给想感觉到爱的机器人一颗用蚕丝做的心，给想得到勇气的狮子产生勇气的药。后来稻草人成为翡翠国国王，机器人成为西国国王，狮子成为百兽之王。

这并不是什么伟大的解决方案，但也许是因为接受者自己本身相信吧？或在克服逆境之后，他们都变强了的关系？总之他们最终都得偿所愿。我也是个普通人，但我想帮助已认识与即将认识的人们实现他们的梦想，想帮助他们找到自己的翡翠国。彼得叔叔的歌快要唱完的时候，我转头发现原本匆匆经过地铁站的三四个行人，停下脚步来听他的歌。不管别人眼神，唱歌给我听的彼得叔叔，我为他大声拍手喊出"太棒了！"。

"啊……每个人真的都有梦想，所以人才是比花朵更美的。好，我要把散落在这个世界上的梦想，串联成一幅很棒的全景图，把闪烁的梦想收集起来，照亮只会懊悔却不行动的人。"

如此成功地结束伦敦的访问之后，我决定真的要与伦敦告别了。从皮卡迪利圆环到特拉法加广场，再经过伦敦塔桥，我花了两个小时，一边沿着泰晤士河走，一边与伦敦和在此地的回忆道别。

"过去六年里，为我打开各种可能的这座城市，以及比任何人都更积极活着的我的二十几岁，再见喽。"

人生的航海术

02

　　这里是希腊的凯法利尼亚岛，我为了成就第三十九个梦想而来到此地。在韩国丽水长大的我，虽然不太会游泳，但是只要一遇到海就感觉很舒服；我即使不吃肉也没关系，不过若没有海鲜可以吃就无法忍受；要是找不到海，最起码也得是湖边或溪畔能就近有水的地方才行。总之，我天生是个海边村落姑娘。

　　丽水有一个小小的游艇码头。小时候我在那里见过玩游艇的人，常常想象自己是坐在船上统管海洋的"海之女王"。我曾经去过法国的圣特罗佩、希腊的罗德、克罗地亚的札达尔，在那些地方时，看到停泊在码头的几百艘白色游艇，让我一整天都感到很幸福。我不介意没有汽车，不过一直觉得一定要有自己的游艇，因此在我的梦想清单里，有"学航海术""拥有自己的游艇"与"航海环游世界"这三种梦想。现在，我终于来到凯法利尼亚岛了，这就是成就梦想的第一阶段。我与死党波妮登上了往后一个星期，天天与我们在一起的游艇"玛索帕索"。最多可以容纳五个人的这艘船虽然不大，但具备了两个房间、附有迷你冰箱的厨房以及厕所，可说是麻雀虽小五脏俱全。可以去超市买菜回来自己下厨，又能在里面睡觉的这艘游艇，根本就像台露营车，

在为期一周的时间里，要当作我们的寝室、教室以及移动工具的游艇"玛索帕索"

大大省下了花在酒店住宿或上餐厅的钱。

接下来，就是正式学习航海术的时间了！第一天要学的是认识游艇的各个部位！我从来没想过船上有那么多绳子，而且绑绳子的方法那么重要！难怪用英语表达"学习秘诀"的说法中，有"learn the ropes"一词。我们按照航海术老师朱利安的教导，好不容易绑妥绳子后，便向着大海驶出去了。虽然脑袋到目前还是一片模糊、搞不懂老师到底在说些什么，但是在海岸边下锚吃的午餐，完全就是天下极品美味。

到了第二天是学习风吹的方向，要随着风向，将帆与位于船前方的三角形帆上下移动，啊……这动作怎么这么吃力呢……原本以为航海等于在游艇上优雅地边航行边喝气泡酒，此刻看来这与做粗活儿没有什么两样。

在第三天要学的是导航术了！现今的船舶上都有卫星定位导航，但是若无法收到卫星讯号，定位导航也就成了无用之物，因此必须了解如何将当前的位置与目的地计算出来。几百年前大家还不是都靠地图、圆规与指南针来航海的？哥伦布找到美洲也是以这种航海术达成的结果。现在只要搭上飞机，无论从世界的哪里到哪里，顶多只需要三十个小时就能到达，而年代久远之前的人，则是累积了经验与知识来完成世界地图，并且发现新大陆。不管怎么说，这真的都很令人惊讶呢。

学习终于到了第四天。这天是没有老师陪伴，只有我们自己航海的日子。在前一天晚上，因为太紧张，所以先把教材统统背起来才能安心入睡。一开始，我们好不容易把船从港口弄了出来，可是却没办法正确掌握风向，因此一下子无法加速、一下子又速度过快，让我们慌慌乱乱的。最后，我们还是扭开引擎，驾船返航了。基于我与波妮一直不懂风向导致手忙脚乱，所以回来后就一起认真研究直到夜深。

第五天，对于改变航行方向的技术还是感到很困难，不过也认真观察了风向，这让我们慢慢有点感觉了，有研究似乎有点效果呢！到了往港口方向回航的时候，我们以六点五海里的速度，外加船身倾斜四十五度的状态下，航行了约十五分钟，整个人感觉像肾上腺素快要暴冲似的；回到港口后，觉得天旋地转、头昏脑涨。那天晚上，才八点我们就倒下去睡了。

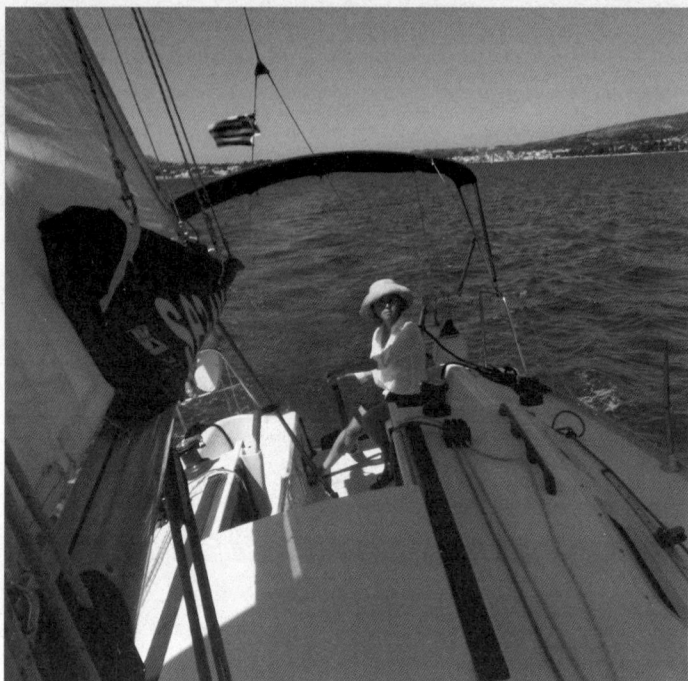

正如航行的
时候不要避
开风，而要
善加利用风
才能航行到
达新地方。
我们的人生
不也该是这
样吗

第六天，自信满满！虽然偶尔出错，但依旧自信，现在已经到了能与其他船只一起竞速的程度了。在回程的船上，一边享受着五海里的速度，一边把脚泡在海水里，享受着天然的足部按摩。这种刺激感真好！我不禁有点后悔自己怎么拖到现在才学航海术。

在大太阳下生活了一个星期，皮肤不只是晒黑，简直就是像熟透的西红柿一样红，同时也开始脱皮。虽然外表变丑丑的，不过能更深入地认识了大海，实在让我很心满意足。

与学习航海术同样带给我很大灵感的，就是我们六十二岁的航海老师朱利安。原本当会计师的他，从二十三岁起开始在公司负责财务，一路发展到五十岁左右，成为负责天文数字般巨额财务的公司主管，然而在十年前，一次机缘来到这个岛屿，就爱上了美丽的自然环境与纯朴的当地民众，也开始梦想住在凯法利尼亚岛的生活。后来，一位七十多岁的朋友对他说了一句话，改变了他犹豫不决的心。

"我年轻时也曾有过很多梦想呢……而我终日忙碌地活着，把它们埋在心里过日子，最后，一切的梦想都成了我的懊悔。"听完这句话之后，朱利安打住了内心的犹豫，在五十二岁时辞职，直接来到凯法利尼亚岛。他将卖掉英国房子的钱，拿来这里买下五千五百平方米的土地，于此种植葡萄园，每年生产一千二百升的葡萄酒，最近还种了橄榄树生产橄榄油。除此之外，朱利安亲自盖房子、亲手制作家具，实践自给自足的生活。他在英国的时候，对农业这块领域当然是一窍不通的，但是到了这里之后，他一项一项地学，累积出现在的成果。另外，在几年前朱利安学会了航海术，从那之后，他开始在每年夏天当航海术老师。

航海术课程的最后一天，我向他表达感谢，并询问他的梦想。他回答我说："我已经成就了我的梦想，如今只希望在这座岛屿上度过余生。"随后，便骑着亮晶晶的摩托车离去。

当其他人接受都市生活、视为宿命，为自己找寻借口："我都已经到这把年纪了，怎么可能……""我又不会做这些那些，怎么可能……"的时候，朱利安已跳入自己想要的人生河流中，不畏惧重新开始。应该就是这样，所以让他看起来那么幸福吧！学习航海术与认识朱利安之后，我想到，人类之所以与其他动物不同，是不是因为拥有"自由意志"呢？所以，当起风的时候不会避开，反而利用风势，航行到新的地方；这不是只蹲守在自己出生之地、一步不离地只巴

我已经成就了我的梦想，如今只希望在这座岛屿上度过余生

望着果实落在面前的被动人生，而是选择自己想要的居住之处，在那儿播种并收获果实的积极人生。这种"自由意志"创造了我们正享受着的文明，同时也将决定我们的未来。

我的幸福不是
天上掉下来的
03

　　一星期的航海术课程里，包含我们在内，总共有五艘游艇参加学习。其中来自英国的一家人，爸爸像是一生梦想于航海似的，戴着船员帽子，兴奋又认真地学习，而他的太太与孩子们，则很明显地在脸上写满了"很无聊"；另一对立陶宛的情侣好像只想要过自己的两人世界，所以尽可能地与其他船只保持远远的距离，甚至干脆到别的港口过夜后再回来。

　　与这对情侣相反的一对中年夫妻，总是拿一些芝麻小事来生对方的气，我们因为心想"都来到这么棒的地方了，何必如此啊？"所以决定称他们为"爱生气组"。最后一艘游艇里，是一对同龄四十岁的夫妇，巴西太太玛拉与英国先生约翰，与"爱生气组"完全不同，他们像是在度蜜月般的散发幸福，吃完午餐就一起跳进海里游泳；到了夕阳西下，就像电影《泰坦尼克号》里的男女主角一样，互相拥抱着来度过黄昏时光。

　　航海术课程的第五天，我们为了吃午餐而把船开到某个海边。正在游泳的希腊青年农夫们对我们的游艇感到好奇，于是到我们的船上一起聊天，我也顺便问了他们的梦想是什么。此时，船只停在距离我们五十多米的约翰与玛拉似乎颇为我们担心，几度传无线电讯号来问安。我相当感谢他们的细心，所以那天晚上邀请他们一起共进晚餐，与他们边喝葡萄酒边聊了很多话题。聊得越多也越发现他们既可爱又幸福。

　　当闲聊一阵子之后，现在是大学语言学讲师兼译者的玛拉说，她过去曾经是位牙医，让我不禁惊呼出声。

"什么？你放弃了牙医工作？为什么呢？"

"已经是十年前的事了，但大家也都是和寿映你一样的反应。当牙医真的很不适合我的个性，人生不就是这么一遭吗？即使能赚很多钱，若那不是自己想走的路，就不该白白浪费宝贵的时间。你说我们看起来很幸福，然而幸福或平安不是天上掉下来的，是得透过许多选择与努力才会得到的。"

约翰与玛拉两个人各自都有离婚的经验，也经历过一段辛苦的时间。但因为如此，他们更愿意为对方付出更多努力，并且互相感谢。

这样看来，大概可以猜到"爱生气组"为什么总是成天吵架了。每次上完航海术课程要清洗游艇时，"爱生气组"的阿姨大呼小叫地指使叔叔去做这做那的，而那位叔叔也不愿意退让，大声喊回去说："你去做吧！我也很累了！"相反的，玛拉与约翰这一对他们会说："你累了吧？我们一起做吧。"在课程结束的最后一天，搭乘同一辆交通车离开的"爱生气组"，夫妇各自坐在不同座位上朝窗外看，而约翰与玛拉则是以互相按摩肩膀来"秀恩爱"。珍惜或不珍惜对方，凭这么点简单的道理，就能区分出是"爱肉麻组"还是"爱生气组"呢！

又过了几天，我在雅典透过朋友的介绍，认识一位雅典医学院学生苏菲亚。她的肩膀低垂无力，脸上表情也不大好。

"是不是因为最近希腊经济状况变差的关系……"

"这个也是原因之一啦，不过主要是我现在学习的东西

你说我们看起来很幸福，然而幸福或平安不是天上掉下来的，是通过许多选择与努力才会得到的

跟我的个性真的很不搭，所以每天都觉得很辛苦。"

她出生在土耳其附近的莱斯博斯岛，总是对自己的祖父母感到好奇。在土耳其还被称为"小亚细亚"的年代里，出生于土耳其的祖父母以浓厚的土耳其口音说着希腊语，基于对此的好奇心，使苏菲亚着迷于多种国家的语言及当中的差异。曾经去过很多国家的她，能流利地使用五国语言，此外，在口语上还能再用四国语言交谈，所以她总共会九国语言。

"我想成为语言学家……可是不知道该怎么告诉我爸爸、妈妈与爷爷、奶奶。"

一辈子没学过文字、只在乡下务农的祖父母，坚信孙女会成为医生，这是唯一让他们感到骄傲的。因此，好不容易考上了最好的医学院的她，无法轻率地表达自己不想成为医生的想法。

况且，当时希腊的经济情形是前所未有的差，失业率高达百分之十六，许多人的薪水，包括苏菲亚当公务员的母亲，都被削减了。无法就业的大学生们每天聚集于宪法广场抗议。苏菲亚继续叹着气说：

"即使能成为医生，前途也不明亮。每一项专业领域都有固定的名额，除了在国内念医学院的人要竞争，在国外念完医学院回来的人也会加入这场角逐，所以有些实习医生得等五年、甚至十五年。我的哥哥也是医生，而他也出去到瑞典了。就算进到名额内，得花上好多年经过实习医生、住院医生的阶段，还要读博士班……我好希望提早学外语，真不知道该如何忍受这么长的时间。"

于是，我告诉苏菲亚我几天前才认识的玛拉的故事，这让苏菲亚的眼睛为之一亮！

"天哪……竟然有人跟我有一样的忧虑而苦恼过。不知她是怎么下定决心的，真令人佩服。"

"人生只有一次嘛。我知道你不想让周遭的人感到失望，但最重要的是自己要幸福，这样才能让别人也得到幸福；要是为了周遭人们的人生过活，但自己却无法感到幸福，到头来反而会埋怨他们的。请你连一天都别浪费于那些不想做的事情上吧。"

"很好。听了玛拉的故事，我觉得就算放弃成为医生的道路，世界也不会因此而灭亡。这真是个很大的安慰。"

脸上带着微笑的苏菲亚给我看她在巴基斯坦拍的照片。戴着头巾的她，样子看起来相当自在，若说她是当地人，也真的会相信的。

不是只有伟大的人物才能成为榜样或导师。有的时候，某个人平凡的人生，对他人而言就能成为很大的灵感、期待与安慰，我希望我正在进行的梦想全景图计划也是这样。我梦想透过地球各地平凡人们的故事，让我的读者们能怀抱梦想、得到鼓励勇于挑战梦想，更能发挥往梦想跨步的勇气。

具有极丰富国外旅行经验的苏菲亚，之后无论我去到哪个国家，都为我介绍了不少各种人物，也给我很多旅行方面的建议。一年之后将要从医学院毕业的她，搭上便车往西班牙出发了，没有对任何人承诺什么时候会回来。

在巴基斯坦拍的照片里，看起来和当地普通人一样自在的苏菲
亚，她的梦想是成为语言学家

如果明天
不能睁开眼睛
04

　　当爱因斯坦看到有关圣雄甘地的电视新闻时，好奇地想知道甘地在合掌向他人打招呼的时候说了什么（那个年代的电视机是无声的）。爱因斯坦问甘地到底说了些什么，甘地以"Namaste."简单回答了他，但爱因斯坦又继续追问这句话是什么意思，甘地是这么解释的："我尊重存在于你里面的宇宙；我尊重在你里面的光、爱、真理、和平与智能；我尊重此刻只有你与我的这个空间。"

　　结束了在中东忙碌的日子后，我搭上飞往印度的班机。为了实现当瑜伽教练的梦想，我几个月前已在网络上找到印度西南部果阿邦的一所小型瑜伽中心，同时也报名了他们为期一个月的瑜伽教练研习课程。

　　清晨四点抵达了果阿邦机场，那儿就像乡下的客运转运站一样老旧。在眉心贴有红点的入境处员工，边打着哈欠边帮我盖章。然后，我一路摸黑、花了一个半小时才找到瑜伽中心，把还在睡的接待员工叫醒，他揉揉眼，带我去到住宿小屋。用竹子搭的小屋里，仅有一张床、蚊帐与抽屉柜而已。插立在水泥地板上的水龙头，只能流出细细的水流，我用双手捧着水好不容易洗完了澡。面对这种没有厕所、没有卫生纸、更别提网络的原始环境，我陷入一阵茫然，到底该如何度过这段时间呢？我稍微整理了一下心情，开始去认识之后一个月里要一起研修瑜伽教练课程的二十四位同学们；从二十一岁到五十八岁、年龄与人生经历都不同的人们，怀抱着相同的目标，为了瑜伽

小屋里，仅有一张床、蚊帐与抽屉柜而已

从世界各地飞到这里。我决定与这群人一起适应在此地的生活。我的一天，从早上六点起床到海边散步开始，然后再喝杯姜茶，便从早上七点与琳达老师一起练习两个小时的体位法。练习完才是早餐时间，早餐有水果沙拉、杂粮麦片、酸奶、粥、烤面包与鲜榨果汁；餐后约略休息一小时，我也利用这时写点文章。然后从十点半开始，由克里斯校长为我们教授瑜伽历史、哲学、精神等理论课程。

我最喜欢的时间是"celebrate or meditate（庆祝或冥想）"，此时可以不受任何舞蹈规则限制，无拘无束地摆动身体享受当下。随后的午餐，会提供包含印度小扁豆与米饭、烤蔬菜、沙拉等，完全是天下美味。

每天下午几乎都有workshop活动。在第一周里，除了教解剖学概论，也学了瑜伽动作对身体产生的影响。第二周起则与琳达老师一起仔细地学习各种动作，主要是研究瑜伽动作对身体产生什么影响，以及学生常犯的错误和该如何指导学生等。

晚餐结束之后，进入雅木娜老师带领的能量课。我们随着她的带领，体验人体飘浮、互相按摩、耳边轻声甜言蜜语、唱歌、在海边的月光下跳舞、献花给同学的仪式，等等。虽然每一堂课都很即兴，但雅木娜老师特有的、神秘又安静的带领能力，让每个人都静默地跟随着。在能量课结束后，即使没有任何特别兴奋或好玩的事，却会因为内心满满的幸福感而不自觉地微笑起来。

脱离了酒、烟、噪声与交通堵塞等有害性刺激、每天看日出与日落、耳里以虫鸣鸟叫声取代了吵杂的音乐、闻着天然线香而不是各种人工香料与香水、久久凝望着远处农夫们种田的风景，让内心变成像清晨的湖水般平安。或许就因为这样，我甚至开始觉得，在上完厕所后只用水清洗、不用卫生纸擦拭，也是种更方便又自然的方式。

在这所瑜伽中心的生活里，最让我欣赏的是从晚上七点到隔天早上十点的沉默时间。被规定不能说话反而减少了无用的杂念，也不必听别人无益的话语；在沉默中，可以成为完完全全的自己。由此看来，这个世界到底充斥着多少无益的杂音呢？忽然间我领悟到，人用了多少无用的话语来伤害别人、破坏自己且浪费时间。

住在我旁边小屋里的，是一对来自澳大利亚、都是三十一岁的情侣，娜塔莎与路卡。他们都是瑜伽教练。脸上充满甜蜜与幸福到几乎要发光的这对情侣，某天早上与我微笑打了个照面，而我突然对他们的故事产生好奇，于是提出了访问的邀约。

"我们在澳大利亚上班时，天天工作到很晚，一到周末就用垃圾食物与

脱离有害刺激、每天看日出与日落、听大自然的声音，让我感觉
内心变得像清晨的湖水般平静

酒来纾解压力，这样的生活所带来的不是中年危机，而是青
年危机。于是我们花一年时间环游世界，那段期间曾在印度
的灵修院生活了三个月，当我们领悟到灵性比金钱更重要
时，便决定要将生活方式完全改变。后来我们卖掉了全部的
财产，这五年内都在环游世界，同时也当瑜伽教练与气功治
疗师。"

路卡以前在银行上班，娜塔莎在广播电台当播报员与公
关人员。可能因为这样的背景，娜塔莎在说话时，逻辑清
晰、条理分明得让人佩服。

"现在过着与以前迥然不同的生活，那么当你回顾从前时，感觉又是如何呢？"

　　"我很感谢曾经经历过的一切，因为透过各样的经验，使我成长更多。对于目前的人生我不感到后悔，只把焦点专注于身处之地的幸福。另外，我想尽量带给别人正面的变化。"

　　"路卡你的梦想是什么？"

　　"我们都过得单纯些，也帮助别人活得单纯一点，如此循环相生就是我的梦想。"

　　"什么是过得单纯？"

　　"感谢有让这个身躯能躺下睡觉的地方，感谢有衣服可穿、有饭能吃，此外也与别人分享爱、热忱与怜悯。太多的人执着于住豪宅、开豪车与穿名牌的衣服，因此厂商不断地开发最新技术与流行，而人们为了追赶这些，所以想赚更多钱。此外，产业顾问公司找来了头脑聪明的人，为企业中少数的顶级干部与投资者提供咨询，这样的结果，是使企业在第三世界国家盖工厂、赶走既有产业的员工、剥削开发中国家的劳动者、破坏生态环境。而企业主竟以这种方式赚来的钱买私人飞机或游艇，这简直是为了极少数人的奢华而不顾其他人的死活。若是人人都过得更单纯点，相互之间公平对待，就不致如此了。"

　　穿着粉红色无袖上衣、头发扎得整整齐齐的娜塔莎接着说：

　　"我们在过去三年半的旅行中，领悟到若想好好过生活，其实并不需要很多物质。我们没有房子只拥有一个背包而已，可是却什么地方都可以去。我们不用移动电话，也不玩人人都在用的Facebook，只偶尔确认一下电子邮件而已，但在生活上没有丝毫的不便。"

　　我想起了我的英国同事。他梦想着到澳大利亚定居，但是因为房贷必须花二十五年时间偿还，所以只得放弃梦想。然而，只要将房子卖掉不就好了嘛……这世上到底有多少人自愿成了物质的奴隶，却同时抱怨没有自由？

"娜塔莎你的梦想是什么？"

"我的梦想是活在所有生命成为一体、和平共存的纯素世界。"

"纯素是连鸡蛋和牛奶都不吃的，对吧？难道，不吃肉还不够吗？"

"我认为整个宇宙是合为一体的，因此，我们吃下什么就会成为那些东西。当动物在被屠宰之前，它们会感到极度的恐惧，因此在我们吃肉的时候，也使恐惧变成我们自己的。素食主义只是达成纯素主义之前的一个阶段。另外，由于家畜体内残留大量的抗生素与荷尔蒙，无论是吃牛排还是煎蛋都一样，没有太大的差别，因此我们连鸡蛋也不食用，以确保安全。若想活得更和平，就只吃在这块土地上自然生长的东西。"

"这么彻底地控制饮食生活，会不会很难呢？"

"刚开始的时候当然很难，因为无论是在地上走的、跑的、飞的、爬的、游的，从前我们什么都吃，所以刚开始吃素的时候，我们也还吃乳制品，后来渐渐改成吃纯素。我们现在所吃的食物中，大约有六成是不经烹煮的生食。我认为，在这个世界上的动物们，并不是为了满足人类的口欲而存在的，它们是享有自由、幸福生活权利的受造物。纯素的饮食生活除了保护生命与环境以外，对于我们的健康与精神也有莫大的帮助。在酒、肉与压力之下生活时，身体总是到处出问题、生病吃药。不过，从开始吃纯素以来，我们的体重减轻了两成，健康获得大幅改善，甚至保险都取消了。"

"肉食主义改成纯素主义之后，有些什么样的变化？"

"应该是变得很热诚、充满灵感，以及有和自然环境合为一体的感觉吧。在瑜伽教学的内容中，有一项是不伤害他人的 Ahimsa（非暴力主义），而这不仅对人类，也是有关于万物的。因此，纯素的饮食生活是修练瑜伽之人该有的基本要素。"

这句话让正在修练瑜伽的我无言以对，同时在之后将近半年的时间里，我完全不吃肉。

"十年后若再和两位相逢，你们会在做什么呢？"路卡笑起来了。

"我们以前有过二十五年计划，所以才会遇上了青年危机，因为到将来退休前的生活都已经计划好了，一切令人感到乏味与窒息。我们现在过的日子，是待在某个国家住到签证期满，再到另一个国家，然后在另一个国家也是住到签证期满。也许我们明天就无法再睁开眼睛，那么最重要的不就是在今日充实地生活吗？正如甘地所说，生命里最重要的是不断选择以及创造人生，并以此成为别人的榜样，同时仍不断变化。"

与这两位进行的采访对话，比起任何采访都还平静却强烈。对真正为这个土地着想、决心过自己要过的人生的两位，我打心底致上深深地谢意。

不知是偶然还是必然，当我访问娜塔莎与路卡的那天，校长克里斯在上课时特别强调了"活在当下"。你吃饭时是专心吃饭？还是一边开着电视看着报纸一边吃饭呢？与你爱的人在一起的时候，你是全心专注于那个人？还是用心在所看的电影或昂贵的餐厅呢？

这番话让我反省起自己。我老是在做事的同时，无数次地想着下一件要做的事，无法只专注于正在做的事。高中时，我在电脑课里练习数学，却在数学课上打瞌睡，因此被老师骂；在大学时，课堂上总在想打工的事；在职场上班的时候，成天不停地想度假的事……连现在练瑜伽的此刻，也不停地想着去孟买要做些什么呢！

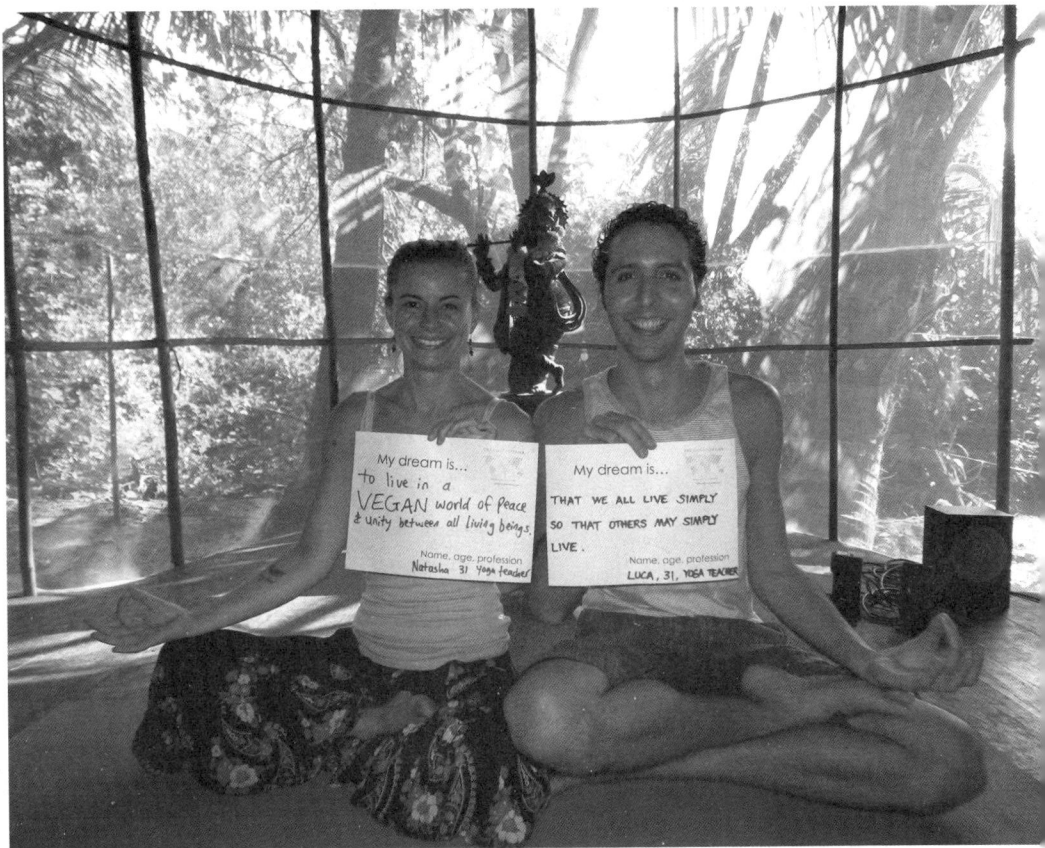

My dream is...
to live in a
VEGAN world of peace
& unity between all living beings.

Name, age, profession
Natasha 31 Yoga teacher

My dream is...
THAT WE ALL LIVE SIMPLY
SO THAT OTHERS MAY SIMPLY
LIVE.

Name, age, profession
LUCA, 31, YOGA TEACHER

也许我们明天就无法再睁开眼睛，那么最重要的不就是在今日充
实地生活吗

拿着瑜伽教练资格证，与雅木娜老师的合照（上）。在毕业典礼
当天与同学们的合照（下）

　　隔天早上日出前，我在海边安静地散步时，决定要专注于当下。我试着去感觉展现在我眼前与刺激五感的东西：往海边卷来的浪潮、富含水气的风沙所带来的滋润感、凉爽的风、活氧充满在空气中……接着，太阳冉冉升起，我进入了感动的境界。日复一日的旭日升起、太阳形成了风、风又造出波浪；太阳带来了光与热，也使万物生命滋长。我想到所有自然元素这样地相互共存，不禁感谢阳光、风与波浪在此当下与我同在。我在瑜伽中心的一个月里，得到最大的收获不是瑜伽教练资格证，或新认识的二十四位朋友们。我学到了充实过好当下的方法，重新发现了自己的内在世界，此外，我要专注投入在人生的每一瞬间。

相信奇迹，
才能拥有奇迹

05

| #1 向往宝莱坞 |

在飞机上看宝莱坞（Bollywood，印度电影产业的统称）电影《幻影神偷2》的时候，情不自禁地跑到卫生间里面练习了刚学到的歌曲与舞蹈，练了大概有两分钟后，由于乱流造成飞机摇晃，害我撞到头。摸摸疼痛的额头，我萌生了这种想法：

"要是能成为我热爱的宝莱坞里的一位成员，把宝莱坞变为我人生的一部分，那该有多好啊！"

年纪老大不小、相貌平平，还是个韩国人的我，这个想成为宝莱坞电影演员的梦想，怎么看都是痴人说梦。然而，人生只有一次，哪有时间管别人怎么想？我真的很想挑战一下宝莱坞。这一切的缘起，要从20世纪90年代末、据说造成日本一阵狂热的电影《穆图》说起。我对于在电影中所看到的一切，感到陌生但又充满异国风情，因此心想：噢！在那样的地方、那般长相的人、过着那种生活呢。后来，我搬到伦敦生活，认识了一些来自印度的朋友们，透过他们慢慢开始接触到宝莱坞电影。在看源于印度古典文学的电影《宝莱坞生死恋》时，对世界小姐出身的美女艾西维娅莱伊的美貌赞叹不已，影片中完美的舞蹈设计也令人深深敬佩，而因情伤的悲剧使生命渐渐萎谢的沙鲁克罕更让我满面泪痕。我曾经迷上在《幻影神偷》里饰演反派的约翰阿拉罕与赫里尼克罗斯汉；在《如果·爱在宝莱坞》里，当沙鲁克罕喝着酒、说着领奖谢辞时，我看着一个人的梦想在复活的人生里成真，心中尽是满溢出来的感动。

以前的宝莱坞电影内容，大部分都是男女坠入情网，但受到双方父母反对，在经历冲突后成功结婚。另外，当剧中男女主角陷入爱河时，场景会突然变成是在巴黎艾菲尔铁塔前面、埃及金字塔前面，或是在阿尔卑斯山上跳舞（这当中有些不是实景拍摄，是电脑合成的）。此外，在电影中若有人开始唱歌，一旁行经的路人也会突然加入跳起舞来，甚至在父母反对婚事的情节里，也以舞蹈场面增加紧张感。

大致上，一部宝莱坞电影里包含了动作、剧情、爱情、悲剧、喜剧等要素，可以说囊括将近四到七部的MV。我看好莱坞的动作片时，很容易因愤怒说出："为什么要杀死他！那也是个有尊严的生命啊！"而在看惊悚片时，又很害怕会不会真的有所谓杀人魔出现。对这么容易进入电影剧情的我而言，宝莱坞电影虽然有点离谱，不过，因为有不断穿插的歌舞情节和幸福大圆满的结局，恰好适合我。

印度每年制作一千多部电影，就电影制作的数量而言是好莱坞的两倍。除了在印度本地以外，中东、欧洲、美国、澳大利亚与东南亚等地区里，看印度电影的观众数目，一年累计已超过三十亿个人，几乎可说是超越了好莱坞电影。

好莱坞电影《红磨坊》与《歌舞青春》受到宝莱坞电影的影响，已是人人皆知的。连威尔·史密斯也表达过希望有机会在宝莱坞拍戏。虽然宝莱坞电影的票房销售金额远远低于好莱坞电影，然而与已进入成熟期的好莱坞电影相比，宝莱坞年年有一成的成长率，剧本质量、影像与特效实力也随之增强，将来说不定有可能超过好莱坞。

| #2 孟买的安泰区 |

为了实现进军宝莱坞的梦想，我虽然已过三十岁，还是去做了牙齿矫正，也学了印度舞蹈。接着，就向梦想之城、宝莱坞之都——孟买前进！在抵达孟买前，我无数次地幻想着美好的梦想：每天在海边慢跑一小时、再练一小时瑜伽、雇个私人健身教练来管理完美的身材；然后与印度国民巨星沙鲁克罕一起拍电影、与知名的电影明星约会、天天上报纸的八卦新闻……我禁不住说着："啊……一切该会多棒呢！全印度即将要爱上我了！"自顾满足地微笑着。

我盘算着："只要找上一百个电影业界人士和演员，应该就会有办法吧！"所以我向好些人们寄出电子邮件，也到推特上留言。其中有个回复让我十分地惊讶，那是从阿彼锡巴克罕发来的回复。阿彼锡巴克罕是宝莱坞传奇人物阿米塔布巴沙坎的儿子，本身除了是位名演员，也是艾西维娅莱伊的先生。在我来到孟买前，有份八卦报纸《中天报》上曾登过介绍我的文章，所以我心想应该离达成梦想的日子不远了。

我一到孟买，就开始进入适应当地的模式。每天买一份《印度时代》报纸，认真读宝莱坞的八卦新闻，一有空就学习印地语，也到宝莱坞知名舞蹈家开的舞蹈班报名。

从在孟买的第一天，我便忙着认识电影业界人士。可是每回与经纪公司、演员、模特、导演、制作人等见面时，只会听到他们说认识某某知名导演或愿意介绍选角导演，却没一个真正做到的。

于是我开始与其他向往宝莱坞的人们见面，打听他们的故事。为了宝莱坞梦想而从全国各地来的几万人中，每年只有极少数的人能创造奇迹，剩余的人只得靠自己持续努力下去。一位印度小姐出身、想成为演员的人，如此淡然地说：

"在孟买，或者说光是这个安泰区里，最少就有十万个想走演戏这条路的人，他们抱着宝莱坞的梦想从全国各地来此，因为对他们而言，孟买就是

为了敲开宝莱坞大门而拍摄的写真。我拿着这张照片找过许多电影业界人士

个梦想之城。每天至少有一次以上的试镜场合，而为了这个机会，最少有两百个人蜂拥而至。这里多的是背景为超级模特、选美比赛出身的人，甚至连世界小姐也来参加试镜，所以如果你只是印度小姐选美出身的，根本连看都不会被看一眼。竞争如此激烈的情况下，从小咖的选角导演到鼎鼎大名的大牌导演，也常有以角色为诱饵来要求'陪睡'。此外，还有少数例子是因为生活太难糊口，最后沦为高级酒家女或色情片演员的情形。因此，在这个领域里若想实现梦想、不误入歧途，必须紧紧抓牢自己的目标，也要管好自己。"

其实这种情形不只存在于宝莱坞，在韩国或世界各地也不乏听闻，只不过一心为了实现宝莱坞梦想而来到孟买的我，对此很无奈又感到茫然。于是，我思索到底该如何以"正常的"方式跨越这道障碍，决定要改变策略了。

终究我是个外国人、不会印度语，加上外貌也不出众，哪可能与来自印度各地的上万个漂亮小姐们一起试镜竞争。我所需要做的，是凸显出我与众人不同之所在。所以，结论就是我人生一路走来的经历、我的生活信念以及梦想计划，这些相信会成为我的强项。我决定为自己与我的梦想计划尽力打广告，好创造出实现宝莱坞梦想的机会。然而，当时却万万没想到，自此之后所经历的竟是我梦想计划里最辛苦的一段时间。

|#3 黑暗房间里的一个角落|

过程里的第一个变量是法国人苏菲，她原本是我梦想全景图计划中的成员之一。我与苏菲是经由朋友介绍而在巴黎认识的，她介绍自己是摄影师兼助理电影导演，由于她完全没有作品集，所以没有特别引起过我的注意。但是她发了数十封电子邮件，不断强调自己有多想加入我的梦想全景图计划，而且她说在过去六个月里一直找不到工作、连饭钱都没有时，让我在一阵心疼下，先出了飞机票钱叫她来到印度了。

在信上承诺要为我拍出很棒的影像与照片的苏菲，一到印度就对我据实以报，她说自己在电影界的工作经验，其实不是助理导演，而是导演秘书，又说她的梦想是成为摄影师，所以她只要拍照，其他事一律不做。但是之后我发现苏菲根本没在拍照，问她不拍的理由，她又回答说自己只想以一次的机会拍摄出最完美的照片。拼命拿些有的没的借口逃避工作的她，最后只留下一封电子邮件便径自离开，去了北部的捷布。

第二个让我很受不了的人是摄影师拉吉。周遭的人告诉我，为了进宝莱坞得先拍作品集照片，并且为我介绍从韩币二十万到五百万（约一千两百元到两万八千元人民币）不等费用的各种摄影师。我经过了一段苦思之后，决定雇用室友认识的拉吉，可是这个人从开始到最后，一直拿各种理由要求我多付钱，此外在摄影当天，拉吉甚至让我等了十二个小时。原本很想取消、改找其他摄影师，不过我又担心这样一来会对为了拍《SBS特别节目》远从韩国来到孟买的金先生造成行程上的困扰，只好硬着头皮付了不可思议的高价后开拍了。拍照现场的背景与照明一片乱七八糟，由于约好的美发师没来，所以我只得披头散发着。本以为经过修片后，稍微能有所改善，能好看一点，但是拉吉连包含在合约里的修片作业也一直拖延，躲避与我联系，还发脾气说没有答应过要修片。总之，在工作完成前先付钱，这是我的错误。

第三个变数是帮我做广告片的制作人。当初他告诉我："能参与这么棒的计划是我的荣幸。"还说有关钱的事连提都不用提，于是我以为认识了知己同道，很高兴地展开合作。不过，实际进行工作后，他不断地要钱，主张要在比市价贵两三倍的工作室里作业。我透过朋友找到较便宜的工作室，让他很不愉悦，因此他每天都晚两三个小时才到工作室，进行作业时不是一直抽烟，就是不停地打电话聊天。

我没办法陪典型夜猫族的他一起熬夜，所以将广告片的内容顺序写下交给他，但他却依自己高兴的方式搞得乱七八糟。只要我想表达点意见，他就摆臭脸说："我这种实力是印度的A级制作人才有的，你知不知道自己在说什么！"最后，他所谓的"作品"根本是无法使用的，只能全部丢掉，拜托朋友重新制作。就在我累到不行向旁边人抱怨时，大家虽然都为我感到可惜，然而却都是一样的反应：

"啧啧，谁叫你要马上给他钱的？工作完全结束之前，哪能先给钱啊。"

"我们不也都这样过日子的。在这里，等上几个小时算不上什么不得了的事啦。"

"你为什么要给他那么多钱？无论对方提出多少价码，都要先砍一半价钱再说。"

听完这些反应，让我觉得自己是个笨蛋，心里一片混乱。然而，更大的冲击是来自于当我室友为我介绍了这些人后，在背后收取酬金的事情。这使我整整两个星期吃不下也睡不着，瘦了五千克之多，而且我有了被害妄想症，觉得大家好像都要利用我，开始带着怀疑的眼神看待身边所有的人。这样的情况下，我什么都做不了了。

周遭里，甚至连自然环境也不站在我这边。我为了整理复杂的心情去海边散步，这时候，一旁逗留的五只狗突然朝着我追过来。我虽然没命似的逃走，但还是遭到了狗们的攻击；衣服被撕破、大腿也留下瘀青（幸好之前有先打了狂犬疫苗）。

另一次是在搭出租车的时候，一头牛突然跑到马路中间，使我坐的出租车追尾了前面紧急刹车的车子。另外，从来到印度后我一直觉得全身瘙痒，长了一粒一粒的红点，我因为心烦压力大随便乱抓，结果把皮肤抓破了。某位医生说这是因为我的血液不干净，于是要我去喝号称能让皮肤变干净的一种奇怪红色液体；另一个医生则叫我吃点对肝脏与卵巢有帮助的药，所有的说法都让我更加疑惑。我猜想会不会是因为跳蚤的缘故，所以我把衣物晾在大太阳下晒、用滚水烫，但还是没有用。请防虫专家来看，也说不是跳蚤的原因。（后来得知，这是自来水里有寄生虫造成的，因此一离开印度，我的皮肤病就完全好了。）我为了想当电影演员来到孟买，但身心皆是乱七八糟的日子就这样一直下去了。

有一天，我感觉自己快撑不住了，想靠咖啡来打起精神，于是到了一家

虽然早就晓得要在宝莱坞当演员的梦想不容易实现，但也实在太辛苦了。不过，正因为有为我打气鼓励的朋友们，才能得到力量

咖啡厅，在那儿有个男生凑过来问我：

"你是不是为了进宝莱坞而来的那个韩国人？"

"什么？你怎么知道的？"

"我看过《中天报》的报道，也上网查过关于你的所有文章。看的时候我很感动，而且得到很多灵感。你在宝莱坞一定要成功，祝福你。我会支持你的。"

"好……谢谢你。"就在被折腾到快倒下去时，忽然出现这位陌生人的鼓励，差点让我掉下眼泪。过去这三个星期，受尽一切事情的折腾，我的自尊心不知道丢到哪里，几乎忘记自己也是个有尊严的人，忘记这个世界上有很多爱我的人。我一封一封地再度看了抵达印度以来所收到的短信；向我这个陌生外国人伸出援手的人、真心为我担心的人有那么多，而我因为少数几个人就要如此难过吗？

默默听着我的抱怨，一直在物质上与心理上帮助我的丽兹；将不成样子的广告片为我重新拍摄剪接的东尼；担心我的营养而请我与他父母一起吃饭的强纳生；每天早上传来启发灵感短信的曼蒂；开车带我去很远的滨海大道一起看孟买夜景、喝奶茶、聊天的我的朋友阿曼。还有，当我难过时，在电影院安慰了我的宝莱坞电影。我在孟买的生活，完全和沙鲁克罕主演的电影片名一样，"时好时坏"。

我开始强迫自己吃饭，身体状况也因此逐渐恢复了正常。开始吃饭的第四天，我决定了一件事：我要成为世界级名人。到了那个时候，曾经让我尝尽艰辛的那些人要是来向我道歉，我将以宽大的心胸微笑以对。这样的想象，让我不断地笑起来，好像曾经停止的心脏再度恢复了，让全身再度充满了力量。我就这样决定要在孟买生活下去了。

若真的盼望，
宇宙都将为你动工
06

| #1孟买安泰的某咖啡厅 |

我在孟买已经待了四个星期，却仍处于连一步都还没有踏进宝莱坞的情况。此时朋友丽兹透过几个渠道，帮我介绍了亚士瑞电影公司的选角导演莎努。亚士瑞电影公司由印度电影界传奇人物亚士乔伯拉所创立，是最大规模、最顶级的制作公司呢！我带着紧张的心情发了短信给莎努，但她以非常冷的口气回答说：

"别打给我，请与我的秘书联络。"莎努的秘书告诉我，她会想办法帮我安排能见面的时间，但因为现在情况不太方便，因此请我再等几个小时。

我化好妆，等了几个小时后，收到了回复，对方请我到一家咖啡厅。我带着雀跃的心，进到众人正在聚会的咖啡厅里，然而，好像有过什么不愉快的事情似的，气氛很沉重，而且莎努对着员工们大声喊了一阵子后，以凶狠的眼神瞄向我。

"你有什么事吗？"

"啊，那个，我是早上给您发短信的人，我叫金寿映。我带着宝莱坞的梦想来到孟买了……"忽然间，莎努充满怒意的表情变温和了点。

"所以，你的意思是说，在这儿连个认识的人也没有，但是就直接打包过来了？"

于是我镇静地将自己的故事慢慢说下去。当我给她看刚完成的梦想全景图广告片时，莎努突然泪眼汪汪。

"天啊……这真令人感动。虽然我无法承诺任何事，但是我会尽力帮助你、成全你的梦想。"

如此一百八十度转弯的态度，反倒让我愣住了。不过能得到机会与大电影公司的选角导演见面，还有了正面的响应，让我高兴不已，一路上蹦蹦跳跳地回去。可是，直到我离开印度前，莎努都没有再和我联络过。

| #2孟买，班德拉地区 |

又过了一个星期的某天下午，电话响了，是丽兹。

"有一位名导演叫撒底儿密苏拉，他正在拍一部电影的最后部分。我告诉他寿映你的故事时，他好像留下了相当深刻的印象。现在的拍摄工作虽然差不多快结束了，但是还有两场待完成的画面；一场是在广告公司上班的男女主角，要在海外广告业主的面前做报告、得到合约的画面；另一场是在果亚的度假村唱歌跳舞的画面。这当中因为把海外客户设定成韩国公司，所以他们想把广告业主的角色给你。拍摄日期在圣诞节的隔天，就是二十六日。"

想到我的梦想终于即将成真，让我高兴地跳起来，对我而言，这是最好的圣诞节礼物了。该部电影的男主角叫亚琼蓝波，曾在电影《如果·爱在宝莱坞》里饰演反派角色，而那部电影是我最喜欢的电影之一。想到自己曾经在博客上写："有一天我要和他一起演电影"，这下真的要成真了！我一边回想《如果·爱在宝莱坞》的一句台词："人若恳切盼望某个东西，那么全宇宙将为此动工、使之成真"，一边流下了喜悦的眼泪。接下来，先是延后了原本已订好的圣诞节旅行计划，然后为了在镜头前看起来更瘦，我也取消了所有圣诞节当天的行程，展开只吃黄瓜与番茄，并配合慢跑和瑜伽的瘦身计划。

但是，由于男主角亚琼蓝波的身体出问题，接到通知说拍摄日期很可能得延期，叫我暂时等一等。圣诞节当天，我独自一人在家饿着肚子等电话，等着等着最后睡着了，到了隔天也是一样。如果能清楚知道什么时候要拍摄，这中间的时间起码可以出去旅行一趟，然而一直都不能确定日期到底是今天还是明天，让我不知该做点什么好，只能等待。到最后我向负责人询问，不过只得到了不友善的回答：

"连导演在内，有大约一百多个工作人员都在等。现在快要过年了，所以每个人，包括我也是，都订好了回老家的机票，但是年假返乡的计划眼看就要泡汤了。还有，租那些昂贵设备的费用，也是每天在浪费中。等拍摄日期确定了之后，我会再通知你。"

我为了拍这部电影，延后到喀拉拉旅行、取消圣诞节计划，而且连饭都没吃的一直等耶……在感到自己很渺小的同时，恍然明白在围绕着顶级明星运作的宝莱坞里，我的行程与时间毫无价值。

既然不知道什么时候才要拍，那么起码得吃好、顾好自己的身体吧，我这样想了想后便出门了。一路很没劲地走着的我，依稀看到从某处发出的小亮光，竟然是在孟买很罕见的圣诞节装饰呢，成串的灯光尽头有间小教堂，我的脚步就停下了……那瞬间，我不禁流下了眼泪；这是一直以来努力压抑、忍耐的眼泪。我在胸前画圣号默祷：

"上帝啊，感谢你使我谦逊，我至今应该都很骄傲吧，谢谢你熬炼我。也求你祝福那些带给我困难、让我更强大的人们。"从教堂出来后，我买了面包、水果与青菜，亲手慢慢地分给街上的乞丐们。平时急着想抓住路人的他们，见到我主动递来的袋子都看傻了，数度很腼腆地说"谢谢，谢谢"。我想起从前曾帮助过我的许多人，我总是忙着往前走，从未向他们道过谢……我该感谢的人真的太多了，无法一一表达谢意，因此我望着天上的星星，借以向每个我想感谢的人寄予感谢之意，当下，我也决定原谅过去自己怨恨的人。回到住处，向曾被我伤害过的人发送了道歉的电子邮件后才睡。

| #3在果亚度假村的画面 |

隔天，从负责人那儿来了通电话。

在将近一个多小时的化妆、造型后，才感受到我终于要出现在电影里了

124

"寿映小姐，看亚琼的身体状况与个人行程，不知道在办公室的这场戏得延到什么时候了。不过，为了在果亚度假村的这场戏，已经有一百多个人被安排好要参与拍摄，舞台也都架好了，所以决定今天与明天晚上不管怎样都一定要拍。助理导演有答应说会把寿映小姐也一起拍进去，所以请你先来拍摄场地吧。"

我匆匆地冲个澡就往拍摄场地出发了。在好几个服装设计师、彩妆师、发型设计师围绕之下，一个小时之后，我变身成为华丽的派对女郎！走到布景地，已经有一百多位演员、舞者、配角们正在演出派对的气氛。助理导演奇杜为我介绍了一位又胖又秃头的大叔，说我的角色就是和他一起跳舞，就在我内心沉痛地呐喊着"什么？不是和亚琼蓝波？是要和这位阿伯吗？"的时候，阿伯开始自我介绍起来。他叫沙拉巴舒克拉，我这才知道，他是曾演出几十部电影的资深演员，也包括在《贫民百万富翁》中演出。在这部电影中，今天要拍摄主角之间激烈冲突的场景里，沙拉巴舒克拉客串为歌手，要搞笑地唱歌，我就是饰演在他旁边跳舞的人。

虽然万分想靠近亚琼，好自我介绍一番，但是实在不好意思打扰不断咳嗽、身体不适的他，只能期待改天能再有机会。夜晚，在十一度的冷空气里，我穿着单薄的晚宴服与十厘米高的高跟鞋，边打着哆嗦边苦等，可是一直都没轮到我的场次。不知不觉中，已经是早上六点了，当我以为今天只得这样结束的时候，奇杜忽然叫我出场跳舞了。

"什么？现在？要怎么跳？"我急忙询问着，舞蹈设计师告诉我，只要随着音乐，像平常一样自然跳舞就好。突然被叫出场跳舞让我很慌张，赶紧唱着歌练习起来，但一旁却

时间越来越接近夜晚，但拍摄工作不知道什么时候才会结束。通过许多人的努力，将电影画面一个一个慢慢完成

又有人说"寿映小姐，拍摄跳舞的时候不可以动嘴巴"，令我脑袋顿时一片空白。开拍后，我卖力地跳着舞，不过在屏幕上确认时，发现摄影机只将焦点放在沙拉巴身上，我的身影根本看不出来什么，真是失望透了。感到很空虚遗憾的我，不禁想到起码该好好享受跳舞的。

隔天，花三秒钟拍了我与某位配角在派对中聊天的画面，然后在主角们移动的背景里，冒着雨和几十个人一起跳舞。我觉得有点凄凉，根本不会被摄影机好好拍到，但却为了这些，在过去一个月里身心饱受折磨，还放弃了圣诞假期……正当带着这副无力又难过的表情时，一位资深女演员向我打招呼走来，给我鼓励。

"我这两天连续熬夜拍戏，白天也有其他电视剧拍摄行程，所以已经四十八小时完全没睡。不过事实上我也只会被带到几个镜头而已。在宝莱坞这里，要是没有靠山、想靠自己生存，就必须拼命努力。因此我不管多不舒服或疲倦，还是会参与拍摄工作。"

那些连续两晚一直冒着雨、疯狂地舞动身体，却根本不会被摄影机拍到的舞者们，更是连一句抱怨的话都没有。而六十几岁的配角阿伯们，曾经都是银行员工或公务人员，他们说："闲着待在家里干吗，这样出来赚钱、认识朋友，顺便看看明星，多好玩啊！"。还有人的工作是一直拿着镜子，好让主角能不时照镜子检视，也有一整晚不断泡茶端茶的人、帮工作人员开门的人、带着大声呼喊"大伙儿再加把劲，进入下一个场景吧"的人，等等。电影里的一小段画面，竟是通过一百多个人的努力，慢慢地、一步一步被完成的。

拍摄的第二天，大约凌晨一点的时候，拍摄工作结束了，助理导演奇杜、我与其他几个人一起坐车离开了拍摄场地。听到我说圣诞节时只吃了黄瓜，奇杜马上提议："想不想试试看印度宵夜？"以减肥模式过活好一阵子的我，当然带着微笑说：

"好。"

奇杜将车子开到约胡海滩某处，叫了宵夜，我们在后车厢上铺报纸、摆上热腾腾的面包与汤汁。我专心地用手拿面包蘸上汤汁吃着，一阵子后，奇杜开口了。

"寿映，我知道你这几天一直很紧张的在等，可是却感到失望。不过，我所认识几十、几百个向往宝莱坞的人，得在孟买先奋斗个七八年，才有机会被摄影机拍到短短几秒钟，而且还要碰运气。而外籍身份的你，虽然只有片刻的镜头，但其实只花了一个月就出现在宝莱坞电影里，这真的是非常了不起的成就。撒底儿是个不只在印度闻名，在国外也是备受肯定的传奇人物，他甚至曾在法国得到爵士的封号。但你知道是什么事感动了撒底儿吗？丽兹是这样说服撒底儿的：'不期待任何回报地帮助别人，会是件多么美的事啊！我们一起帮助这位小姐实现梦想吧'，所以大家决定同心合力帮助你。每个人都有梦想，但这个世上没有几个是真正为了梦想而活的人，或许正因为寿映你很勇敢地追求自己的梦想，所以也使别人愿意帮助、成全你。寿映啊，以后也要像这样为了成就梦想而活，此外，也请你带给更多人灵感吧。"

我握着面包哭了起来。

"原来是这样的……我都不知道这些，还一直抱怨……"

|#4伦敦南克华市的某间办公室，在服务台的画面|

"你说，主角是沙……沙鲁克罕吗？"我结结巴巴地说不出话了。离开印度后又过了一个月，之前见过面、亚士瑞电影公司的选角导演莎努跟我联络。莎努告诉我，七十九岁的大师级导演亚士乔伯拉在隔了八年后，要亲自执导由他儿子阿迪亚乔伯拉制作的电影，而在那部电影里，为我安排了配角的演出机会。

我所看过的电影里，能以唱歌跳舞让我雀跃、能使我感伤于爱情并向往宝莱坞的演员，不外乎就是沙鲁克罕，他是被称为"宝莱坞影帝"的顶级演员。沙鲁克罕演过七十余部电影，在号称印度奥斯卡奖的"印度电影观众奖"上，曾有三十次入围、十四次得奖，其中八次都是拿到最佳男主角奖，是改写印度电影界历史的人。不只是电影演员，沙鲁克罕也是一位电影公司老板，制作过许多电影。电影《贫民百万富翁》中所出现的节目——"谁将成为百万富翁？"，在现实中，印度版的电视节目主持人就是沙鲁克罕。此外，他还开过演唱会呢！真的是个多才多艺的人。打从一踏上孟买，嘴上挂着"我想和沙鲁克罕见面"这句话的我，如今听到这个消息，当然是高兴到不行，几乎要穿透天花板飞到外层空间去了。然而，电话里莎努的下一段话，再度将我拉回了地球。莎努告诉我，这个角色是个只有三句台词的接待员，而电影的拍摄地点在伦敦，所以包括机票等一切的费用都得由我自行负担。

为了一个毫不起眼的小角色，得花上将近六千元买机票，还要跑一趟与我预订方向完全相反的路线回到伦敦，让我很纠结。在宝莱坞工作的朋友们对我说，若是只有三句话，绝不会被摄影机好好拍到的，也没有观众会记得你。然而，"梦想资助计划"的最后一道关卡不也是这样吗？我得向公司请假，自己掏钱买机票参加面试，最终得到了超过飞机票一百倍价值的奖金，五十多万元。若去尝试，起码有百分之零点零零一的概率，如果不去做，一定是百分之零，不说别的，就说我在孟买那么辛苦努力，要是失去这个机会，我一定会后悔一辈子。

即使只有三句台词，也是被肯定为"演员"的证明，不再是临时演员。还有，在电影结束后的谢幕里，也会看得到我的名字。既然抓到了一生难得的机会，我想让亚士乔伯拉导演与沙鲁克罕留下深刻的印象，因此我找了几十部他们的电影，认真地将有名的台词以印地语背下来。到了开拍的一个星期前，我开始减肥，而且故意不和在伦敦的朋友们联络，安安静静地度过。

终于到了拍摄当天！我被告知在上午八点之前要到现场，于是清晨五点我就起床开始准备，七点到达拍摄场地。我对英国化妆师为我打造的妆容不太满意，所以自己做了修改，结果晚了五分钟才进摄影棚。一踏进棚内，眼前的情景让我差点窒息，从前只能在银幕上或言论媒体上看到的卡特丽娜卡芙、亚士乔伯拉与阿迪亚乔伯拉，他们正在等我呢！阿迪亚开始指导我该怎么演，而我在颤抖中点了点头。

我们直接开拍了。现今全印度人气最高的女演员卡特丽娜走进大厅来，原本在打计算机的我便立刻站了起来。

我：Good morning.

卡特丽娜：Good morning.

我：（边取出包裹边说）Ma'am, here's a parcel for you.

卡特丽娜：Oh, Thank you.

我：You're welcome.

这场戏就这么简单，所以我们只需要换三个镜头角度就结束了拍摄。完成任务后，我感到更空虚了，就只有这样而已吗？付了六千块的机票钱、行程全部大改、看了几十部电影准备的结果……当我正感到空虚时，和我一起饰演接待员角色的波兰美女卡梅拉，以有点嫉妒的口气告诉我：

"我在这个摄影棚里演过多少次接待员角色和临时演员，为何他们不给我那些台词，却给了你？"

与只在银幕上
见过的卡特丽
娜卡芙一起拍
戏，虽然仅仅
是三句台词，
但是依旧令人
充满感激

"我在印度的时候认识了选角导演，所以才得到这个角色的。"

"你有说台词要拿多少钱？和临时演员拿的钱不一样吗？"

"我不收钱。而且我还是自己付了机票钱，从尼泊尔坐飞机来的。"

"你是疯了吗？为什么不收钱做这个工作？"

"因为出演宝莱坞电影是我的梦想。"

"我的梦想本来也是当演员，不过到了三十几岁也还只是个临时演员。要不是当临时演员起码可以糊口，我早就离开这个地方了。唉！真希望能赶快认识一个有钱的男生嫁给他。"

长得像电影《穿着Prada的恶魔》里的坏心眼同事埃米莉布朗的她，叹着气说着。然而，不是追求金钱乃是为了实现梦想，这就是我与她之间的差别。

虽然我的角色已经演完了，但我想尽量再待久一点，想看现场情况，好找机会向阿迪亚打招呼。

"您好，刚刚没机会向您打招呼，我叫金寿映。"

"我知道，寿映小姐。我从莎努那里听过你的故事。"

"噢，这真是我的荣幸。"

"这才是我的荣幸呢。现在在你的梦想清单里，又再添上一项成就了吧？我很高兴能在这件事上提供一点点帮助。"阿迪亚言行举止相当干脆。他也顺便告诉我，虽然沙鲁克罕不会到这个办公室摄影棚里，但是晚上拍派对场景时他会来。于是我问他我晚上可否去拍摄的地方看看，他很干脆地允许了。

｜#5 伦敦金丝雀码头，派对场景｜

"亚士乔伯拉老师，您的梦想是什么？"为了看沙鲁克罕，我到了位于金丝雀码头的拍摄场地。不过大概是来得太早，工作人员都还在忙着做事前准备。远远的，我看见在印度影坛上具有最高权威的亚士乔伯拉导演。

我拿出勇气走近亚士乔伯拉导演，向他表达给我这个机会的感谢。虽然亚士乔伯拉导演已经是印度影坛上最有影响力的人之一，但像邻家老伯伯般亲切的他，甚至愿意接受访问，也写下他的梦想是"希望和平降临这个世界"。就在我与导演访谈过程中，渐渐地有更多工作人员开始进来，场内变得很热闹。

不知等了多久，到了晚上八点，派对场景里的一百位临时演员盛装打扮出现在摄影棚里。我带着紧张的心情，从早上八点就一直期待着沙鲁克罕，到现在已有十二个小时之久，这么一直眼巴巴地看着现场，沙鲁克罕终于出现了。他与在寒冷中等他的粉丝们握手，接着很亲切地与拍摄场地的人们打招呼。

每到休息时间，我就想接近沙鲁克罕与他说几句话，但是有位体格壮硕的男子总是拦着我，那是沙鲁克罕的助理。他说："现在正在进行拍摄，请

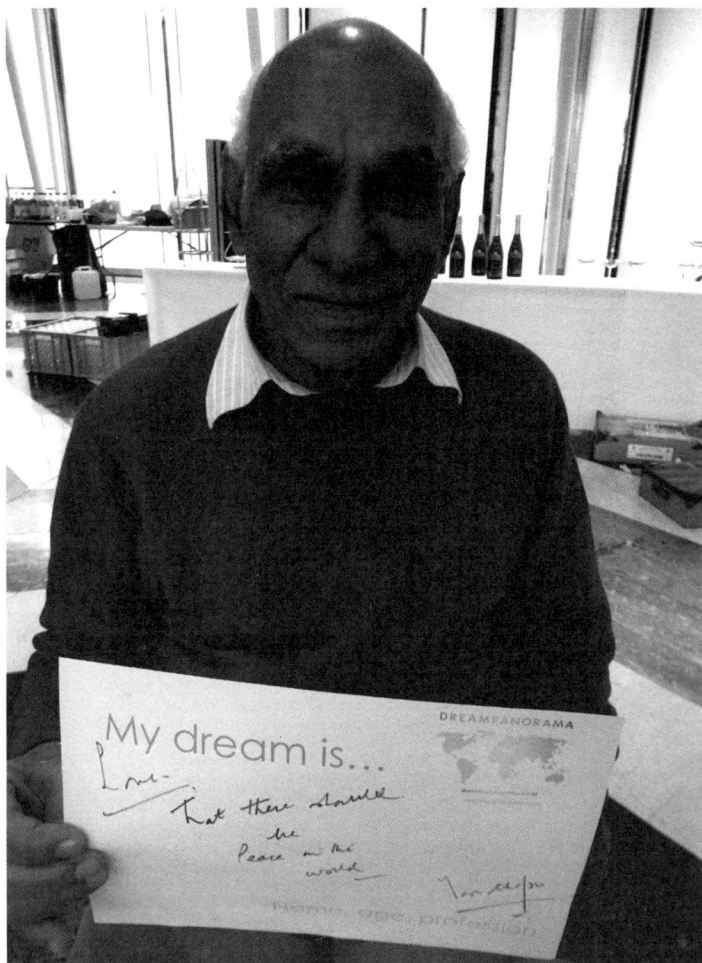

亚士乔伯拉导演为宝莱坞最有影响力的人士之一。他的梦想是希
望和平降临这个世界

你等到工作完成"，我可是已经等了十三个小时了耶……难道还得再等五个小时吗？我只不过是从沙鲁克罕的电影里得到很多启示，所以想亲自和他道谢，想告诉他虽然主角说的仅是电影的台词，但是很感谢你让我明白"若全心恳切盼望，连宇宙也会为你动工并将之成就"；谢谢你用精彩的演技使我的心雀跃，谢谢你那帅气的舞蹈让原本忧闷的我重新得到活力。虽然这些电影不是沙鲁克罕自己制作的，但我还是非常想告诉他这些话。

有段空档时间，沙鲁克罕的助理与别人谈起话来，我想趁机接近沙鲁克罕，而这次跳出来阻挡去路的，是曾发通行证给我的英国保安。

"你在这儿做什么？"

"我吗？我是演员啊，今天早上参加过拍摄的……"

"我当然知道，不过，演完你的角色后你就应该离开，为什么一直在这儿逗留？"

"我想和沙鲁克罕先生拍张照片嘛。"

"你以为这里是影友会吗？这里每个人都正在工作，所以如果不是工作人员，就请你离开。"

突然我的血压急速上升，眼前一片黑。

"真抱歉造成您工作上的困扰。不过我已经从导演那儿获得准许，可以留在这里。"

"当真？是哪位导演这么说的？"

"亚士和阿迪亚导演都这么说的……"他摆出一副无法相信的样子，走去其他负责人旁边开始说起些什么。事实上，我自己想一想也是，从早上八点开始等到这么晚，我看起来完全就像是个跟屁虫、恐怖粉丝。这个时候，我回想起曾经在孟买发生过的一些事情而感到一阵心酸，努力死咬着嘴唇以抑制快流出的眼泪。我不知道自己有多用力，但就在嘴唇快破皮流血的时候，那位保安再度走过来。

"真的对你很抱歉呢。"

"咦？"

"实在没想到你有那样的故事，我亲自把你介绍给沙鲁克罕吧。"

这是反转剧吗？我表示可以再等，不过他握着我的手，把我硬拉去见沙鲁克罕；当保安向挡在沙鲁克罕前的助理说明时，沙鲁克罕直接向我们打了招呼。虽然我事先准备了一大堆想说的话，可是真正站在他面前时，却愣着站在那儿，好不容易才挤出一句话：

"那个……可不可以……一起拍张照片？"这到底是什么老土到不行的要求？拍完照片后，我将曾介绍过我的《印度时代》报道文章，与我所写过有关沙鲁克罕电影的文章等资料拿出来给他看。

"嗯……这个是希望让您借此得到一点灵感而准备的……"然而我心里面想的是："哎呀，这不是我要说的话啦……"我像个笨蛋一样，根本说不出什么。沙鲁克罕边向我道谢，同时轻轻地拍拍我的肩膀。回到拍摄场地，再看了几个场面后，我因为担心地铁的末班车时间，所以和相关工作人员道谢后就打算离开了。在亚士乔伯拉导演身旁正在确认拍摄画面的沙鲁克罕，似乎听到了什么，因此突然将我的手拉过去，在手背上亲了亲，接着又说了一次谢谢。

我不知道到底该说些什么好，只红着脸数度点头来代替打招呼，然后就从拍摄场地出来了。不过，一走出门口，我再也无法止住内心的情绪，当场坐下大哭。因为看到沙鲁克罕的电影而感到幸福；带着想在宝莱坞电影里演出、像痴人说梦般的梦想直冲孟买；在那里遇人不淑，害我食不下咽，也没得好好睡觉的那段时间……外加上今天长达十五个小时

早上八点到拍摄场
地，等了长达十五
个小时后，在晚上
十一点终于有机会
与沙鲁克罕见面。
但是却像傻瓜一
样，连句话都没法
好好说出来

的等待，与刚刚遇到的侮辱，一切尽管如此，但终究还是梦想成真。全部的全部混杂在一起的感动，从我心里面满溢出来，再也无法止住。待我整理好情绪，站起来一回头，才发现沙鲁克罕正透过玻璃门看着我。感到万般丢脸的我擦着眼泪对他挥挥手，他也以手势送来了一吻。

好像没有哪个梦想是像宝莱坞梦想这样让我又哭又笑的。正如有句话说，若恳切盼望某件事情，那么整个宇宙将为你一起动工使梦想成真；多亏了那么多人为了我的梦想给予鼓励与帮助，我才得以一步步接近宝莱坞的梦想。

笑容可以出卖，
但千万别卖掉梦想

07

　　帕蓬，据说是去泰国观光的团体旅行团都会去一趟的曼谷红灯区。坚持不去的泰国朋友瑜怡与她的未婚夫，好不容易被我说服同行，于是我们决定前往这个地区采访梦想。一到帕蓬，随处可见漂亮的女孩儿们在抓着钢管舞动着，也就是俗称的"GoGo Bar"。大红大绿的灯光与吵闹的音乐令人头昏眼花，加上酒吧小弟们一直强拉着路人想招揽客人，让我很不喜欢这里，而若要说我为什么来到此地，就得提起两个月前在孟买认识的美国人约翰。

　　不久前仍从事信息科技行业、五十五岁的平凡大叔约翰，目前正带着特别的任务环游世界中，他的任务是将国际人口贩子的被害者，从私娼里营救出来。约翰大叔在印度成长直到满十九岁，所以除了会印地语之外，也懂乌尔都语、旁遮普语、达利语、普什图语等。在最主要发生人口贩卖案的巴基斯坦、尼泊尔、阿富汗、孟加拉国等国家，以及可以寻获被害者的曼谷、阿姆斯特丹、孟买等地的私娼里，约翰大叔到目前为止，救出了四十五个女孩。

　　"这些女孩有些是因为家里太穷而被父母卖掉，有的是因为无法还债而被债主掳走，也有一些是被宗教团体哄骗拐走的。"

　　"所以，你是说将女孩子们绑架之后送到私娼，是吗？"

　　"一旦被绑架，人口贩卖组织以一个人约十二万到十五万卢比（约一万两千到一万五千人民币）的价钱卖给私娼。虽然这是一般卖淫六个月就可以还清的债，但是都会被冠上伙食费或置装费等名目来增加债务，所以有人甚至被控制了六年，买家也不肯放手。这些女孩子们被帮派二十四小时监控，要是敢不听话或被发现想逃走的企图，就以电击或辣椒粉虐待。"

听到这么骇人听闻的话，我在大感惊讶之下打翻了热腾腾的奶茶。

"怎么能做出这种事！那约翰你是怎么搭救她们的？"

"我采用的战略是这样：首先到各地的私娼，把这些店家用卫星定位系统记录在地图上，然后到这些店里要求看看小姐。这些女孩子不像自愿卖淫的女生会抛媚眼诱惑客人，被人口贩子卖来的女孩们大多回避眼神接触，或是看似内心极度不安。若是看到有这种状态的女孩，当付了嫖资进到房里，我便与她确认是不是人口贩卖组织的被害者，一旦这个女孩表达希望逃走时，我们就一起建立逃跑计划。通常若是在一家店待得够久，小姐们在帮派的监控下可以有最起码的自由，也就是能到附近的菜市场买买菜，我们得把握这种时机，用五百万伏特的电击棒击昏帮派分子，接着用出租车载小姐逃跑。我也曾有过以打破私娼铁窗营救女孩子的经验。万一什么方式都行不通，就直接找上私娼老板，说因为来到这家店爱上了这个女生，所以想为她赎身好和她结婚，我们会付赎金救出女孩子。对老板来说这并不吃亏，所以大多都答应。"

原来这世上还有这样的人！我正感到惊讶的时候，约翰喝着热热的美式咖啡，突然提出了一个想法。

"寿映，要不要今天就一起去作战？"

"我是个女生，这会不会带来麻烦呢？尤其我是个外国

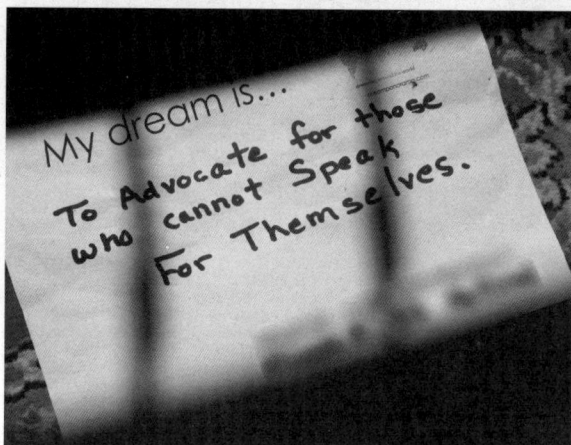

由于身份不得被暴露，
因此我不可以拍下约翰

人，应该很显眼吧……"

"因为是白天，所以没问题。我会在旁边，不用担心。"

他给我看长得像手机的电击棒，然后戴上内藏有录像机的墨镜。我们乘坐嘟嘟车、火车与出租车，花了四十分钟到达私娼集中的格兰特路。约翰指着僻静胡同旁的一栋建筑物说："你看那边的建筑物，可以看见全部都装了铁窗，对吧？性奴隶就被关在那种铁窗里生活。"私娼的出入口附近，有几位穿着性感的女生聚在一起抽烟。

我们向凝视着我、脸长得特别稚嫩的女孩子靠近。来自加尔各答的二十一岁的她告诉我们，做这行工作已经第五年了。换言之，从十六岁就开始了……我不禁叹了口气。她也许是极度穷困家庭的女儿吧？到底是为了姐姐的嫁妆，还是为了抚养父母而选择走上这条路呢？当我们正要谈到她家人时，突然跳出来一个不知道是老板还是帮派分子的男人，大喊："你们在干什么！给我进去待着！"对着我们也大声说："喂！你们该走了！"女孩子们全都退到里面去了，而被吓到的我则飞也似的从那边逃开了。

我和约翰访问了为卖淫女性开设的艾滋病检查中心，那是个非营利性组

140

织单位。十五平方米大小的小空间里，有几个正蹲着吃饭的人，一见到我们就挥着手叫我们过去。我吃了她们给我的印度烤饼与用扁豆做的咖喱。虽然我主动向她们说话，但她们只用好奇的眼神看着我、不发一语，顶多浅浅笑一笑。约翰向我说明，这些女孩子因为有艾滋病，所以被原本工作的地方赶出来，只能留在艾滋病检查中心生活。我问她们有没有梦想，可是她们都想不出来。

我问了约翰他的梦想是什么。

"我的梦想是帮助无法自立的人重新站起来。"每个人的人生都只有一次，因此，哪还有什么是比帮助处在不幸与绝望的人重新站起，让他们拥有更好的生命、更具有价值的事？而这也就是我到帕蓬的理由。在这座五光十色的不夜城里，我希望了解潜藏在里面的痛苦和从中开花的梦想。

我们进了一家酒吧。有几个几乎没穿衣服，小腹、胸部下垂的中年女性，她们在酒吧里徘徊着。我一坐下，一位只穿着内裤的三十几岁女性过来坐在我旁边，用可怜的眼神望着我。

"我好渴，请帮我买杯饮料吧。"她的名字是日语的苍井（意思是蓝色），一听就知道是匿名。苍井告诉我，她有三个孩子，但是因为没有先生，所以她得做这份工作。我向她递出一张纸说："苍井你的梦想是什么？要不要写一写？"她就写着"和家人幸福生活、拥有自己的美容院"。

"你有美发师资格证吗？"

"要养三个孩子，哪有时间和钱去上课呀？"她一脸不高兴地反问。

同行的瑜怡告诉我，政府为生活困苦的人提供免费课程，但这些人根本不愿意努力。虽然知道了这种情形，我还是出于同情给了她小费。拿到小费的苍井走去和同事们不知道说了什么，其他阿姨们全都赶忙着跑来，一边说她们也要写梦想、一边要求给小费。这实在让我们大为惊慌，马上从酒吧里逃了出来，只听见她们在背后的叫骂声。这时，在酒吧看门的帮派分子向我们追来，于是在帕蓬热闹的红灯区里，我们开始疯狂地奔跑，一直跑到看不见任何人时，瑜怡大口喘着气，说出愤怒的话。

"她们真是丢尽泰国的脸了！就因为有那种人，所以每当我到国外，别人只要知道我是泰国人，就带着色眯眯的眼神打量我。这些人什么也不做只会要钱的行为，和乞丐有什么两样！我一辈子从没想过要来这种地方，都是因为寿映你，害我经历这种莫名其妙的事！"

我也一样很慌张，但是我不肯就此打住，在这儿回头。

"可是，在这种地方，会不会也有怀着梦想，认真过日子的人呢？我们再去一家，再找找看有没有这种人吧。真的很对不起你啦！"

走在路上的时候，我们遇到一位扮成女生，但还没动过变性手术的人妖，他带我们进到了一家俱乐部。白天是男服务生、晚上在酒吧上班的他，将盖在假发下的短发露出来给我们看。我询问他的梦想。

"我想成为女人。我想养孩子、成立幸福的家庭，在社会上名正言顺地生活。我会活成这样都是我父母的错，他们只偏爱某个孩子。如果我父母以相同的爱对待子女，我想我不会变成这样的。"

虽然是令人感到惋惜的话，然而世界上有哪个家庭是没有伤口的呢！在不幸福的家庭里成长的人，也未必得走上堕落之路啊……我认为，他想成为女生的念头、与父母间的问题、卖淫的行为，根本不是一回事。只要对方愿意，无论是男是女他都可以，他向我们伸出手来，但我们望着他忧闷的眼神转身离开了这个地方。原本打算就这么回去了，结果竟然无意间转进另一条路，那里是牛郎红灯区。

有几个花美男突然跑来抓着我的手，问我们要不要按摩。正当大家慌乱地忙着甩开他们时，又有长得像艺人的帅哥朝我们说："嘿，姐妹们，来看看我们的秀嘛！"然后拉住我们的手进了同志俱乐部。我心里想："看个什么鬼啊……"准备要离开的时候，瑜怡却出人意料地说："这里的秀会不会比较正常一点？"露出想要看的表情。瑜怡的未婚夫虽然抵死坚持说："我决不可能踏进这种地方！"不过，他还是被我们硬拖进去了。一眼望去，发现观众席上大部分是白人或日本男性观光客，偶尔也能看见几位独坐观赏的阿拉伯男生。

俱乐部的舞台上正在进行表演，有泰国传统舞蹈，也有以艺术方式演出"男男恋"内容的，还有一种是在水族箱里裸泳的表演。秀场表演结束后，所有舞者都站上舞台，他们的腰际都贴着号码，观众席上的客人们通过服务员"点"自己想带出场的舞者。无论这是异性恋、同性恋还是性欲商品化，是不是早已将人类的尊严扔到了谷底？

像约翰这样的人，愿意冒着生命危险搭救性奴隶，希望让她们过得像个人，然而也有人愿意为区区几块钱抛弃尊严，真是令人大大的不解，或许他们身上有着不为人知的故事吧。客人所给的小费究竟是属于他们自己的还是被帮派收走，我们无从判断。我叫了服务员来，请站在舞台角落、看起来很害羞的十三号少年出场。

"你几岁呢？从哪里来的？"

尼克（应该是昵称）很腼腆地说："十八岁。三周前从清莱来的。"

"这些秀……你每一种都表演吗？"

"对……我全都参与。"

"……怎么来这里的？"

"我父母是农民，不过一年比一年辛苦。恰好我认识的一位哥哥在曼谷当人妖，所以我通过他的介绍来到这里。"

"你喜欢这样的生活吗？"

"不。每天不知道什么时候警察会来盘查，成天担心受帮派欺负，这种生活谁会喜欢……"

"那你可以找找其他工作呀！"

"嗯……我没有读过书也没有技术，不知道可以做什么？"

"可以当服务生，或是进工厂工作，不是有政府补助的技术教育课程

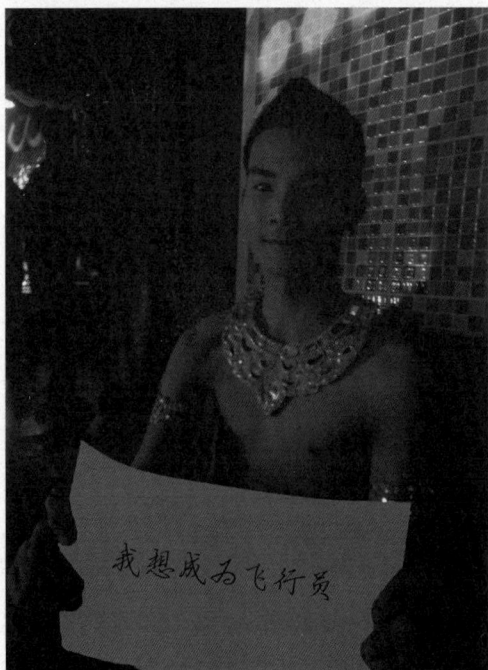

我想成为飞行员

吗？只要你想找，机会其实很多呢！"

瑜怡因为一时兴奋，她打断了我的话，对尼克用泰语说明寻找这些课程的方法。尼克带着空洞的表情边说："原来还有这种方法哦"，一边连连点头。

我问了尼克他的梦想是什么。刚开始的时候他说只想赚钱、脱离贫穷，于是我又说："不是这些。假如你有足够的钱，那么你想做什么？"他立刻回答说："我想当飞行员！""我以前住在山上的村落里，很少有去市区的机会。当我偶尔看到天空中飞行经过的飞机时，总想着'开那些飞机的人有多么幸福呢？他们可以到世界各地旅行呢。'"

我建议尼克，要是想成为飞行员，先得上大学，而且也要有很好的体能，所以越早离开这里的生活越好。然而那是极遥远的未来，现在我能给他的帮助，仅仅是一点点小费而已。

从俱乐部出来已经是凌晨两点了，而帕蓬依旧是不夜城，各种路边摊使得整条街热闹不已。世界上有这么多认真讨生活的人……可是却也有想要轻松过活的人。在离开帕蓬的路上，我的心不知为何这么疼。

隔天上美容院的时候，也顺便访问了老板。她露出令人愉快的微笑说："我这个乡下的土包子来到曼谷，像这样开起自己的美容院，已经是万般感谢啦。我的梦想已经都实现了。"瑜怡悄悄告诉我，这位老板在过去二十年里，每天持续工作十二个小时，连孩子们也是在美容院的一个角落里养大的。

美容院老板让我想到了苍井。虽然两个人有一样的梦

想，但这位老板一路努力过来，终于达成梦想。而苍井拿着现实当成不想离开的借口，因此年过三十的她，将三个孩子留在家里，日复一日在酒吧脱衣乞讨小费过活。这真是令人不寒而栗的可怕结局。

梦想花开前，
谁也不知道是什么
08

在原本打算要去死海的那一天，恰好因为政府举办的会议，而不准一般人士进出边境。我正思考着到底该做些什么好，于是，决定与透过沙发冲浪网站认识、一位叫阿莫的二十二岁男生见面。带着明亮眼神、有细长睫毛的花美男阿莫，带我去了一家叫萨夫拉的餐厅。因为餐厅里坐满吸水烟的人，使整个空间变得烟雾弥漫，所以我们改在露天阳台找位子。

阿莫一进餐厅就与服务员、客人们或朋友们拥抱、亲脸颊，忙着打招呼。

"哇，你是个名人哦。你的朋友怎么这么多？"

"如果我告诉你，从前我是不敢和别人讲话、连一个朋友都没有的人，你会相信吗？我的这些变化全部归功于一个人。"

阿莫的父亲出生于约旦，为了工作到伊拉克去，在那里爱上了一位伊拉克女子，两人结婚之后一起回到约旦的首都安曼。然而，当阿莫的哥哥在十二岁遭遇车祸身亡时，他的父亲因无法承受巨恸，所以带着家人再度去到伊拉克的巴格达。在新居住的国家做起生意的父母，整天忙着工作，因此年幼的阿莫很多时候都是独自度过的。对于九岁、没有半个朋友的阿莫而言，十九岁的欧司就成了大哥、挚友以及榜样。

"欧司的个性真的很阳光、有丰富的幽默感，而且很会为别人设想，所以大家都喜欢他。我跟着从事计算机维修工程的他认识了各种人，所以个性也产生了变化。我想成为计算机动画师的梦想，大概也就是从那个时候开始的。"

在萨达姆·海珊执政下，所发生的伊朗与伊拉克战争，和伊拉克与科威特之间的波湾战争时，阿莫在生活上还不需特别担忧。然而，由于2003年伊拉克战争，美国开始经济封锁之后，情况就变了。到处发生抢夺与暴动，时而也有为了金钱绑架别人的案子。当时生活还算富裕的阿莫一家也成为绑匪的目标，阿莫曾经近五次差点被绑架，因此阿莫和家人搬回了安全的约旦。

"回到约旦之后，我与欧司还保持着联络。有一天，他说因为太太即将要生产了，所以要来约旦接岳母回去帮忙。我很期待这个难得可以和欧司再次见面的机会……就在快到约旦国境的时候，戴着面罩的武装人士劫持了欧司和他朋友乘坐的车辆。欧司的朋友从事的生意是提供物资给美军的，所以被这些人恐吓，同时以AK47步枪朝着他们扫射，当场很残忍地杀死了欧司、他的朋友和司机。我就这样失去了生命里最重要的朋友。"

"……"

"不过，悲剧还没有结束。没多久，我的母亲因为罹患癌症过世。对于真心深爱我母亲的父亲来说，这是难以忍受的痛苦。原本在伊拉克做生意颇有成就的父亲，回到约旦之后在一家公司里当领导，可是却因为公司内部的斗争而被降级了。生平只当过老板的父亲，对他来说这是无法忍受的耻辱。为了这件事展开的诉讼和法庭上的缠斗，使得家里环境衰败，而当我母亲过世后，父亲更完全丧失了斗志。好些年来，我父亲就以这样的状态过着日子，于是我替他担起家长的角色。我从十八岁开始做贵金属生意，曾经每天工作十四个小时，皇天不负苦心人，在这样认真工作了几个月后，我们在媒

萨夫拉餐厅的内部

体上被曝光,从沙乌地阿拉伯、卡塔尔、迪拜,甚至美国飞来了订单。可是,谁知道原本合伙的朋友,因为贪心耍了手段,把生意夺走了。"

天啊……我第一次见识了如此年轻却有这么多坎坷过去的人。

"当时的冲击太大,所以我现在只在一家公司领薪水上班,每个月赚三百五十第纳尔(约七千四百元人民币)。不过我父亲、我与十三岁的妹妹的生活费用,仅仅只有扣除房租后的一百第纳尔(约两千元人民币),日子真的过得很紧。有时我也很不满，为什么才二十二岁的我得抚养全家人，所以经常和父亲吵架。"

然而，阿莫的表情完全不像心怀不满的人，反而是善良又阳光。我跟他说了我自己的故事。当要离开高盛集团去英国的时候，我妈妈流着泪埋怨我就这样离开家人，叫他们要怎么生活。可是我说服父母说："每个月领了薪水统统拿出去，等于往破洞的瓮里倒水，一辈子也无法脱离贫穷。请先等几年吧，我成就梦想、成功的时候，贫穷的铁链自然就会被切断的。"最后，我履行了在三十岁之前要盖房子给我父母的承诺。

曾经说过："松毛虫就只能吃松叶"，告诉我梦想是一种奢侈的父亲，现在是比任何人都努力为我鼓励打气的头号粉丝。若当时我因为父母的关系，放弃了自己的梦想留在韩国，我可能至今都会不停地埋怨父母。所以，结论就是自己要先幸福，才能与别人分享幸福。

听完我的故事，阿莫的表情亮了起来。

"最近我父亲通过网络与一位罗马尼亚阿姨很认真地交往着，她现在到我们家借住已经一个星期了。几乎有一年多没看过我父亲有活力的样子了，真是太好了。如果两个人发展得好，他们也打算买张去罗马尼亚的机票，或许我父亲会再开始上班吧？"

太棒了！我也希望他父亲与那位阿姨的关系能好好发展。那么，阿莫的梦想又是什么呢？

"虽然贵金属行业也不错，但我真的很想读书。去伊拉克浪费了一年，回到约旦再浪费一年，照顾生病的母亲又花了一年……结果我只有读到初中三年级，不得不放弃学业。幸好计算机动画学校不太计较学历背景，于是我已经把入学申请书寄给加拿大和美国的计算机动画学校了。"

"会不会需要很多钱？"

"就像刚刚说的，至少我有很好的人缘。已经在美国和加拿大的朋友们，都劝我说快点儿来，他们都会照顾我、连一毛钱都不必带，就尽管来……我真的是个幸运儿吧？"

可能因为年幼的时候就已经历数次难忍的悲剧，阿莫很成熟，不太像二十二岁的青年。应该没有像他这般命运多舛的人，但他依然说自己是个幸运儿。我望着他不由得想，活着能拥有亲爱的家人与朋友们，就是令人感恩的事。

若太阳独自存在于太阳系里，它不过是颗无法分享光与热气的寂寞火球。然而因为太阳能将光与热分给地球上活着的几亿个生命，它的存在也愈发耀眼吧。由于我与所爱的人们一起存在、活着，所以整个宇宙和我这个生命更为重要，使我更加充满感恩。

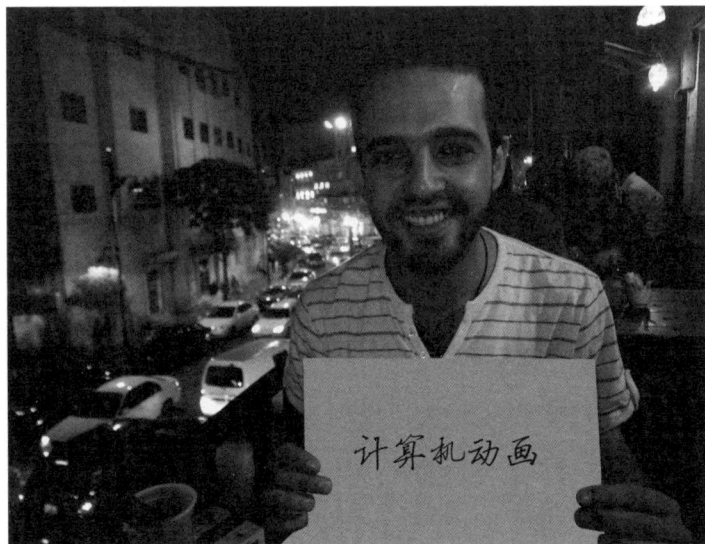

我真的很想学计算机动画。我去伊拉克浪费了一年，回到约旦再浪费一年，照顾生病的母亲又花了一年……结果我只读到初中三年级，而不得不放弃学业

Chapter 04

立即行动
决定实现梦想
的行动方式

在世界的
屋顶上
01

"哇！基地营到了！"爬山第八天，下午三点。虽然阳光很强烈，然而空气依旧是冰冷的。我小心翼翼地走过滑溜的冰河，眼前终于出现了位于海拔五千三百五十米的基地营。在过去的八天里，虽然受高山症与寒冷气候之苦，一路互相扶持终于到达这里的我们，不禁抱成了一团。这个时候若是采访梦想，应该就是在全世界最高的地方做的访问。于是，我将镜头对准了萨米尔。

"萨米尔，你的梦想是什么？"

"我想成为优秀的领队以及歌手！"

"是吗？那请你唱一首歌！"我是随便说说的，但在阵阵狂风的零下气温里，萨米尔的歌声响彻整个喜马拉雅山。反观我则因为氧气不足，连呼吸都很不容易，甚至不断地流鼻血。

隔天，登山第九天的清晨五点，我们往这次登山行程最高峰的卡拉帕塔（海拔五千五百四十五米）出发。我套了五件上衣、三条裤子、两双袜子，还戴了两层手套。不过，零下二十二度比冰块还更冰冷的空气，让手指与脚趾几乎冻僵，我的脸甚至快要麻痹了。

我们在四十五度的陡坡路上，好不容易行走了将近两个半小时，在下方遥远的地方可以看见喜马拉雅山。太强劲的风势，让人很担心会被吹走，偏偏每一脚踏着的石头都摇摇晃晃的，真是雪上加霜。我的鼻血一直没停过，

在圣母峰基地营

氧气也不足，因此呼出的不知道是吐气还是呻吟，一步一步地前进。就这样，终于抵达了喜马拉雅山最高的展望点卡拉帕塔，写着喇嘛教经文的五色旗，在那儿迎着风等着我。

东方破晓的同时，圣母峰开始现身，世界第一高峰近在我眼前，洛子峰与努兹峰也展现出其美丽的姿态。我想到，"对了，我得把这个瞬间拍下来"，马上拿出了录像机，不过可能因为气温太低，原本已经充满电的录像机，在这么宝贵的时刻竟显示只能录三分钟。好吧，反正手也冻得要命，根本没办法握着录像机太久，于是我将摄影机交给萨米尔，拜托他帮忙拍，我则赶紧开始说话，免得嘴巴被冰冻僵硬。

"我的第四十二个梦想已经达成了。啊，目前是零下二十二度，而且风相当大……"

萨米尔的脸也是红通通的，虽然他也是全身颤抖着，不过却不带一句抱怨地紧紧握着录像机。我真的对他非常感谢。

下山的路上，我们参观了意大利政府与尼泊尔政府一起盖的金字塔气候监测站，它也是全世界最高的实验室。同行上山、来自瑞士的医生多米尼克，一直盯着这些实验器材，久久不愿挪开视线。而萨米尔拿起其中一位工人带来的鼓，开始有节奏地唱起歌来。因为是尼泊尔语，我听不懂他在唱些什么，不过唱到副歌时，我也不知不觉地跟着一起哼哼唱唱了。

因为是往下山的方向走，因此我的高山症改善了些，身体状况也转好了。这样看来，在过去九天里，萨米尔很用心地照顾了我，可是我对他的了解却比不上他照顾我来得多。

"萨米尔做这份工作几年了？"

"已经超过十年了。"

"现在你是二十四岁，那么是从十四岁就开始做了这份工作啰？"

"对。我原本住在卢卡拉底下的地方。后来我到了加德满都，住在舅舅家。我在那里只念到小学五年级，然后从十四岁起开始工作。头三年当过圣母峰登山队随行的厨师助手，接下来的三年当行李挑夫。从四年前起，我正式接受了领队正规教育的课程。"

我想起在登山第二天遇到的行李挑夫。背着一百多千克行李登山的挑夫相当吃力，重复着走一秒、休息一秒的状态上山。就因为这么的辛苦，所以萨米尔说他的梦想是在加德满都当个司机轻松过日子。我问萨米尔当挑夫能赚多少钱，他告诉我大概不到两百元人民币。萨米尔也是在幼年时期，以十几岁身体背负着极重的烹饪器材与登山客的背包，在零下的气温下，无数次地上下圣母峰。

"当时你不觉得苦吗？"

"虽然很辛苦，但是我得赶快存钱，只要我存到钱，就可以让父母搬到卢卡拉。"

"你说只念到小学五年级，那英语怎么能说得这么好？"

"我在参加领队教育的时候学的，但是很不容易学。现在也持续在学，跟着客人学了很多。"

"昨天问你的梦想是什么的时候，你说过想当登山领队，也想当歌手。不过你现在不就已经是登山领队了吗？"

"对，不过我想当更专业的领队。至于歌手的梦想……那个曾经在一存到钱的时候参加过歌唱训练，但是每次只要一有确定的登山行程，就得取消歌唱训练。"

"要到什么时候我才能在电视上看到你唱歌的画面呢？"

"嗯……大概二十年后吧？"

"什么！为什么要等那么久？如果加以好好训练，也可以在几年内就做到吧。"

我实现了第四十二个梦想——登上圣母峰

"因为总得先要能过日子糊口啊，总不能一股脑儿只投入在音乐上吧。"

"只要相信自己、不断努力，绝对可以做到的。十年后，当我再来尼泊尔找你时，那个时候我在电视上会看到你吧？"

"嗯，我希望是这样。"下山的路又更轻松了点，高山症也渐渐消失，我们终于走到了往大雪原与卢卡拉的分岔路，也是该道别的时间了。我们在大石头上拍团体照，接着一起跳了在印度电影《污点桃色照》里看来的舞

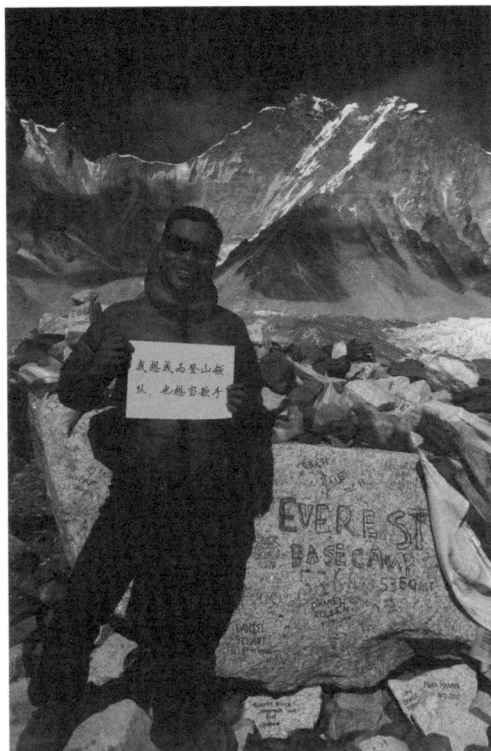

蹈。这是每次当我感到疲惫时，故意跳来助兴的舞蹈。

　　我像战争结束、返乡的退伍军人一样，把带着的巧克力
与所有零食全分给了大家。一起度过九天的每个人都舍不得
道别，拥抱了好几次。多米尼克大声笑着说，在加德满都大
伙得见个面、吃顿好的；从到了基地营开始变得很爱哭的沙
伦，再度流下眼泪；萨米尔帮我绑上叫哈达的白色蚕丝巾，
祝福我幸运。

若没有萨米尔，我怎么可能登上圣母峰基地营呢。当我身体不舒服的时候照顾我、感到痛苦的时候扶持我、帮我背着沉重行李的萨米尔。也因为他一直带着太阳能蓄电器，我才能为录像机充电，在手指几乎要冻成冰块的零下二十二度气温下，是他用心为我拿着录像机将每个瞬间记录成照片与影片。虽然萨米尔是位爬了十年山的专业领队，但他岂不会感到既寒冷又辛苦！一想到他诸般的用心，我几乎是快落泪的感谢。于是我一边说着要他花两个月专心做歌唱训练，一边在他的口袋里塞了点钱。

　　三个月后他告诉我，他出了第一张专辑，并且把上传歌曲的网址寄给我。不知道是不是喜马拉雅的山神特别眷顾萨米尔，又或者这是他不断努力的结果，原本以为需要二十年才能成就的梦想，只花了三个月就成真了。我闭上眼睛听着萨米尔的歌声，或许因为受过了正式歌唱训练，也可能是在平地氧气充足的关系，萨米尔的声音比当初在圣母峰基地营唱歌时，听起来更加清亮了。他的歌，我就这样听了又听。

他梦想着
更美好的世界
02

　　打从开始梦想全景图计划以来，就一直想着一定得去趟缅甸，因为我曾在2005年参与演出过缅甸电影《创造天空的人》。当时这部电影的拍摄团队来到韩国取景，却遇上女主角莫名其妙失踪的窘境，只好紧急寻找替代演员，我因此当上了该部戏的女主角。我在与导演见面后的隔天，向公司请了一星期的假，我除了当女演员，也自愿担任韩国当地经纪人角色，所以相当认真地参与了拍摄过程。

　　虽然找拍摄场地的工作、饰演孕妇和生产的场景都很不容易，但饰演公公这个角色的缅甸国民演员哲杜，与当出演先生角色的花美男演员明武，对我的演技都颇为称赞。不过，在拍摄团队离开后，大伙儿也失去了联系，完全无法得知那部电影有没有在缅甸上映。哲杜与明武给过我名片，我也照着上面的电话号码打去过，但是接电话的人听不懂英语，而我发去的电子邮件也石沉大海，为此我纳闷了很久。

　　也就是这样，我决定把握机会直接去缅甸找他们。不过，这简直就像在首尔找某位金先生似的，我得在仰光找明先生。我想，语言沟通大概会是最大的问题，所以事先透过沙发冲浪网站联系了几位懂英语的当地人，其中有位名叫小

在缅甸街上认识的孩子们

可的大学生愿意帮助我。小可说，虽然无法直接联络到哲杜，但是哲杜有经营一个提供丧礼援助服务的慈善组织，小可提议直接先去找找这个单位再说。我们从仰光市区搭出租车，开了大约四十分钟路程后，司机告诉我们到了。

长相不像本地人的我，一走进提供丧礼援助服务的单位，里面的人们便开始注意我，其中一个人竟然就是哲杜。与七年前五十五岁的他相较之下，现在的白头发更多了，而且还将留长的头发绑成马尾。不过，我仍然一眼就认出他来。

"哲杜！你记得我吗？我来缅甸找你了！"

"当然记得。我昨天才看到你发来的电子邮件，所以今天从一早就站在这里等你。"

"天啊！"失去联络七年之后，我们就这样见面了……。哲杜请激动不已的我到他办公室里，他的秘书端着茶过来。在办公室墙上贴着数十张照片，有哲杜年轻时的俊帅模样、他结婚典礼的场面、在缅甸的电影奖典礼的领奖场面等。然而，向贫穷的人伸手以及与家人一起开怀大笑的画面，看起来似乎更亲切自然。

"当年我们一起拍的《创造天空的人》，后来有上映吗？"

"那根本是一场骗局。"

"什么？"

"我也是被害者。那个导演，大家后来才发现是个很危险的人物。"

哲杜说的内幕让我相当震撼。导演的儿子当时与一名韩国女生结婚，住在首尔，但是因为在经济上遇到困难，于是计划以每个人付两万元的代价，让三十个缅甸劳工乔装成他父亲的电影工作人员，非法入境韩国。为了避免驻缅甸韩国大使馆起疑，所以找来知名演员哲杜与明武。然而，除了哲杜、明武、女主角、导演与摄影人员以外，其他人在入境检查时就被发现而强制出境。此外，失踪的女主角其实也不是演员，她是唯一成功非法入境的人。那位导演一回到缅甸就立刻被拘捕关起来，到最近才获释。

听到这些话，我一阵晕眩。当时我向公司请假，那么辛苦努力参与拍摄的电影，居然是一场大骗局……完全不知道内幕的我，在过去七年里还心心念念地想知道这部电影后来如何。姑且不论我这个毫不知情的外国人，连资深演员哲杜也被蒙骗，他该感到多么荒唐呢！

虽然在听到那场诈欺案之后，我有点心绪混乱，但是对于哲杜所做的事，我产生了很大的好奇。

"为了一个人办后事需要多少钱？"

"缅甸币五万元（大约三百元人民币）。不过，因为我

们会重复使用设备与车辆，所以这当中已经节省不少了。"

哲杜的太太敏蒂，不知何时进入办公室，用流利的英语回答我的问题。换言之，丧礼的费用相当于缅甸人一个月的平均收入，在严重贫富悬殊的缅甸，这笔金额对穷人而言是无法承担的。而由大明星经营的这个非营利性组织，国内人人皆知，所以没钱办丧礼的人，纷纷找上哲杜的丧礼援助服务慈善组织，在过去十一年里，这个组织为将近十万个人办理后事。

"那么基金是怎么累积的？"

"我把三十年来从事电影工作赚的钱全部投进去。这些钱，不是因为我厉害所以赚得，而是因为老百姓喜欢我才能得到的，所以回馈给大家也是理所当然。另外，我们偶尔也会收到捐款。"

哲杜说要为我介绍他们的机构。我们走上二楼，发现正在进行英语课与计算机课；在图书馆里，员工正在整理新进来的书籍；在厨房里则正忙着做菜。我注意到贴在走廊上的丧礼时程表与几百张丧礼照片，扛着棺材行进的民众、载着棺材的船渡江的画面，也有一张照片里是穿着婚纱的新娘。

"为什么新娘子要扛着棺材呢？难道是新郎过世了吗？"

"那位新娘的父亲过世时，是丧礼援助服务慈善组织为他们处理后事的。所以即使是她人生最美好的结婚当天，也在一结束婚礼仪式后，就和新郎一起赶来当义工，帮助别人办丧事。"

光是用想的就足以令人感动，办自己的婚礼已经非常累人了，然而新娘的内心到底有多重的感激，所以连礼服都没换下就直接赶来呢？我又见到一张照片是哲杜扶起趴在他的脚前放声大哭的女性，让我激动得快掉下眼泪。哲杜指着照片里贴着金箔纸的白色棺材，说那就是第十万次的丧礼援助。

再看看别的公布栏，发现上面贴满废墟与收拾遗体的照片。小可告诉我，2008年，飓风纳尔吉斯以每小时一百二十英里风速席卷了缅甸西南部，这些照片就是当时的被害者；那场造成十万余名死伤人数的飓风之后，哲杜的慈善组织收拾了几万个遗体办理丧事。

哲杜介绍完这栋工作单位，再带我到旁边的医院，一一打开每个房间的门，很自豪地介绍超音波器材等现代化设备。一边向正在验光的和尚与拔蛀牙的老伯打招呼的他，一边告诉我，目前为止有四万八千个人在这所医院得到免费的

在丧礼援助服务慈善组织的墙上挂着的照片

健康检查。我由此明白，一个人的决心可以做出多么伟大的事。我与哲杜结识的那场电影虽然是令人感到失望的，但也多亏有这件事，使我认识了从事伟大公益的他，所以还是很令人感谢。哲杜的梦想是什么呢？

"我希望所有人不用担心糊口之事，自由、和平、快乐地活着。"

被剥夺过自由的人才懂得自由的价值，曾在不安与紧张中生活的人才明白和平带来的平安，饿过肚子的人也才能了解糊口的意义。

向哲杜道谢后，回程的路上，我想自己也该为哲杜的丧礼援助服务慈善组织做点事，于是我将剩下的缅甸币全部捐出。

只不过，没几天我的现金就用光光了，现在反而是我自己有问题了。一开始的时候能住饭店，后来搬去青年旅舍，到了最后几个晚上只能窝在夜间客运上睡觉。有现金的时候，上高级餐厅吃饭，之后就得在路边摊吃碗几块钱的面，想尽办法节省每一块钱。待在缅甸的最后一天，明武请我吃了顿午餐，也是当天唯一的一餐，我直到离开的前一刻都在担心会不会遇上必须花钱的情形。在这样无法吃好、睡好的情况下回到了泰国，我发烧病了一星期。

有钱等同于有"选择"。有钱就可以在高级餐厅里吃套餐，然而也可以选择吃路边摊的面，将剩余的钱捐出去；反之，没钱就没有选择余地，只能吃路边摊的面。人若是只为了"生存"而活，便拿不出帮助别人的余力，内心也会越来越刻薄。哲杜应该见多了即使家人死亡也得先担心筹钱的人，所以决定提供丧礼援助服务的吧。

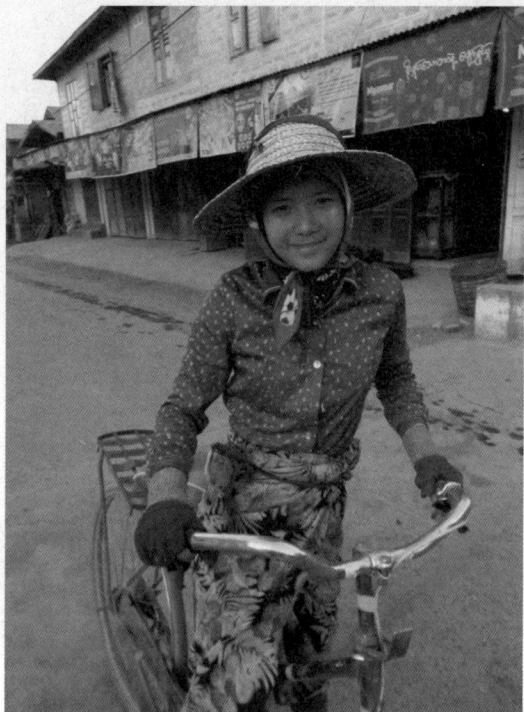

缅甸街上的女孩

　　我的心里还是感到有所遗憾，在离开缅甸之后，曾找过汇款给丧礼援助服务慈善组织的方法，不过完全没有方法能汇款到缅甸去。我洽询过驻缅甸的韩国大使馆，想先将款项汇给他们，再请他们将捐款转给丧礼援助服务慈善组织，可是大使馆却回答我无法这么做。下一次，我干脆带着足够的现金飞去缅甸好了，虽然我自己的梦想也很重要，但是，我想为梦想着更美好世界的哲杜尽一分力量。

从洗碗工到
高盛员工

03

在待过沙漠、市场、山区等地后，来到香
港觉得像是到了不同的世界

星期天下午，我在香港港丽酒店的酒吧里，透过玻璃看着在酒店游泳池做日光浴的游客，远眺维多利亚港。忙里偷闲的我，可能是好一段时间都在热闹的火车站、客运站、沙漠、市场、山区等地打转，所以格外觉得这儿是个不同的世界。过去的一个月里过得实在太忙碌了，我想暂时闭眼冥想，谁知一不小心竟睡着了。

　　"寿映？"听到声音我突然回过神、清醒起来，今天约好要与高盛香港分公司的IT部门副总毅泰见面呢。穿着白色衬衫的他很开朗地笑着。

　　"你好，我今天清晨才到香港的，所以刚刚好像有点累了。"

　　"没关系。在世界各地旅行，应该很辛苦吧。"

　　"咦？曾听说你是津巴布韦人，不过你的英文有美式英语的腔调呢？"

　　"我的确是来自津巴布韦，我在首都哈拉雷出生的，不过十九岁的时候就去了美国，在那里住了十年多。"

　　"有什么原因到美国去吗？"

　　"这也不是什么特别的故事……不知道要从哪里讲起……我小时候迷上了一本别人丢弃的英文版电脑杂志。看了那本杂志后，我写信寄去那家杂志社，说我非常想拥有一台电脑，不料竟然有个素不相识的英国人，买了电脑送到津巴布韦给我。我看着杂志，自学起电脑，后来我想更进一步地学习电脑，所以高中一毕业就到我哥哥姐姐住的美国去了。"

　　不过，毅泰在美国的第一份工作是整理仓库，在又冷又脏的仓库里，分派给毅泰与他哥哥的工作是整理与搬运笨重机械。虽然认真工作，但是觉得实在太累，于是他在三个月后辞职，到一家大规模餐厅领着六块美金的时薪，做了一年半的工作。将服务员收来碗盘中剩下的食物倒掉、用水冲洗、再放进自动洗碗机，这样的过程每天重复做个几万遍。在启动机器到运作完成，再将干净的碗盘整齐放好，当中没有片刻能休息的时间。

　　"那份工作应该很辛苦吧？"

　　"工作本身很累，而在人生地不熟的国家里，遇上的文化冲击也很大。

津巴布韦和亚洲国家一样，恭敬长辈，家人之间的关系很紧密，所以我有段时间很难适应美国个人主义的思考模式。虽然哥哥和姐姐也在那里，但是大家都各忙各的，何况当时也没有电子邮件这种东西，所以我更想念爸爸妈妈和离开津巴布韦前分手的女朋友。我们在津巴布韦的时候，在家自己种玉米、西红柿、香蕉等农作物和养鸡，因此，纽泽西州又小又冷清的公寓也让我很难适应。"

然而，努力工作的毅泰，后来升为厨房助理，又过了一段时间后成了服务员。原本很害羞的他，当了两年半的服务员后，在个性上变得很活泼。

"当服务员的时候，应该拿到了很多小费吧？"

"虽然有了小费，但还是远远不足以支付学费，所以得兼两份工作。我曾经在快餐店当收银台员工和厨房工，在披萨店里也当过服务员，还有在学校的电脑室里做过系统管理工作……因为这样，使我完全没空交朋友或参加社团。"

"当时你的心情如何？我和你一样，在读书时同时做两、三份打工，每当看到其他朋友向父母拿钱，就能出国学外语或买昂贵的东西，我心里就觉得难过，老是想'为什么只有我得这么辛苦的工作？'"

"生活当然很辛苦。不过我真的一直很想从事计算机相关工作，为了这个目标就得留在美国，想要毕业就得赚学费，所以我没有选择的余地。"

毅泰继续说着他的打工生涯。

"我大四的时候，有一位在瑞士投资银行找到工作的学长，帮我介绍了夜班打工机会，是为几百名客户将当天交易的数据做成报告，然后打印出来。当时我从早上九点上课到下午三点，回到家写完功课后，先睡三四个小时到晚上十一点起床，从纽泽西搭客运到纽约上班，从晚上十二点开始上班到早上八点。我就每天重复着这种生活。"

"一天只睡三四个小时吗？"

"那个时候已经是打工达人，那种生活也已经维持好几年。我现在也只睡一样多的时间。"

"我的天啊……"

"当那份工作一直做下去后，我便找到了自动处理的方法，所以原本需要八个小时的工作用四个小时就能完成。利用剩下的时间来写完功课后，还有多余的时间，所以又可以再接一份打工。"

人若是百分百投入、百分百追求，就连体能限制也可以克服吗？每天只睡三四个小时拼命打工的他，与高盛的缘分是在为黑人学生举办的就业博览会上开始的。毅泰向往硅谷，但许多IT公司一开口就断言无法提供居留证，当他拖着无力的双腿走向高盛的展示区时，高盛人事部门的负责人对于他身经百战的履历特别感兴趣，而毅泰本身也很留意高盛纽约总公司的工作。由于他们可以提供居留证，因此毅泰立刻递出申请书，接着经过十余次的面试后，他成功进入了高盛。此后再过十二年，他升任高盛的副总一职。

"毅泰你的梦想是什么？"

"是做生意和帮助别人。如果能透过我个人的故事，将灵感带给津巴布韦和非洲别的国家，尤其是贫穷的人，没有比这个更好的。我做到的，你也能做到，这是我走过来的路，而且这份努力很值得。虽然我还需要更多努力才能到达我的目标，但我想这样大声地告诉他们。"

"你想做哪一种生意？"

"电影特效方面的。因为电影是综合艺术，这样就像是让我热爱的计算机与电影结婚。"

"毅泰你真正热衷的好像是电脑游戏或电影，不是金融。我说得对吗？

我也曾经在高盛上班过，那里虽然真的是很好的职场环境，但对不喜欢数字的我来说，每天都是折磨。无论多么好的职场环境，如果自己没有热忱，难道不会觉得辛苦吗？"

"我在头几年也觉得很辛苦。在银行里，IT只不过是一种手段并不是核心竞争力，在我接受这么简单明显的事实前，总感到很挣扎。不过，因为居留证的关系，根本没办法想象辞职这种事。我在过去十二年里曾经五度换过职务，现在统管负责股票交易的软件领域，这不是技术方面的工作，而是得与交易专员或律师各种领域的人一起合作，因此我也正在学习生意的各种层面。我一点也不怀疑目前的经验在未来我做生意时，会有莫大的帮助。此外，我也没有放弃电影方面的梦想，一直在学特效方面的知识。"

"你觉得大概什么时候可以成就这些梦想？"

"我现在三十七岁，最晚到五十岁之前希望能全部做到。而首先，我要拿到美国公民证。"

"拿到美国公民证那么重要吗？"

"这不是目的而是方法。因为我想从事的领域中，美国还是最领先的，如果不是美国公民，没办法安心自己做生意、雇用员工和冒险。我也曾有过到伦敦工作的计划，然而因为正处于等候永久居留证的期间而遭到拒绝。我能来香港分公司，也是因为我先拿到了永久居留证的关系。若不这样，我们能怎么办呢？在自己出生的国家，我没有方法实现我的梦想，所以我只得在自己能做到的范围内使尽全力。"

他告诉我下个星期要去夏威夷旅行，因为目前拿的是津巴布韦护照，很难申请到香港附近的亚洲国家签证。

在国际舞台上，手持哪国护照时而被视为属于哪种阶

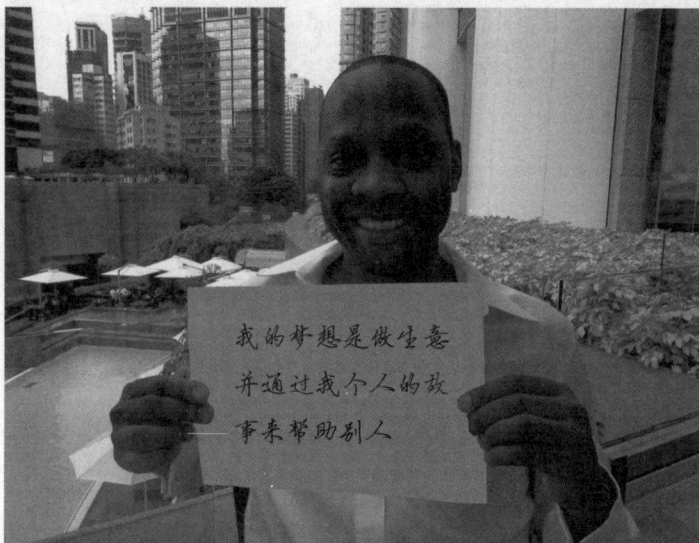

级。可以免签前往欧洲、美国等大部分国家的韩国护照，还算是高级的。当初我只要再居留一年就可以拿到英国永久居留证，拿到永久居留证后再过一年，就可以取得欧盟英国护照，但我没有眷恋地离开了英国。

"那么十年后，再和毅泰见面的话，这些梦想应该都成真了吧？"

"当然。"

"你觉得那个时候你会在哪里？"

"嗯……不知道。现在觉得亚洲、非洲、美国都好像是我家一样。"

"我也觉得这个地球就像是我家。那么我们也可能在香港以外的其他地方见面喽。虽然不知道会在哪儿，但我们约好，十年后一定要再相逢，好不好？"

"难道真要等十年吗？我希望还不到十年就可以再相
见了！"

毅泰开的玩笑让彼此很开心地笑了好一会儿。我忽然想
到了在意大利遇到的尼日利亚人伊马。不用说护照，连两千
五百欧元也没有的他，因为无法返回故乡，所以在炙热的夏
天带着袜子到处售卖。虽然毅泰比伊马更成功，也可以到夏
威夷旅行，却依然无法百分百脱离因出生国家而受到的限
制。我们的人生可以用自己的意志力来改变很多东西，可是
与生俱来的身体、父母和国籍是换不了的；虽然无法变换自
己的国籍，但为了达成真正的梦想而易地居住的毅泰，我支
持他。有的时候虽然我们知道方向在哪里，还是需要绕路前
进，不过，重要的不是速度，而是方向。

与毅泰见面的三个月后，他发来了电子邮件，告诉我他
离开高盛去追求梦想了。他比我想象中还更积极地决定要实
践计划了。不久之后的某一天，我应该能看到"四十几岁、
高盛前副总毅泰朝向特效导演挑战"这种报道文章吧？毅泰
不甘屈于安稳、停留于现实，为梦想努力的他，我要给他掌
声鼓励。

在天空上展开
的儿时梦想
04

　　太阳炎炎照射的柏油跑道上，带着热气的风吹过来。在其他轻型飞机一架又一架起飞的噪声里，英可照着清单很仔细地确认飞机的装备。

　　"油，二十四加仑？螺旋桨上没有虫子，冷却水没问题，刹车系统也没问题，都很好。"

　　本日以"副驾驶"角色共乘这架飞机的我，其实相当紧张。今天要采访的梦想对象是四十六岁的德国人英可，他是我朋友的上司，在世界级金融公司里担任风险管理专家；听说他在孩子都长大后，从三年前开始接受飞行训练。我今天跟着他来到位于新山的机场。

　　起飞前的检查项目都做好确认后，英可看似很满意地向我一一介绍飞机内部的设备，很认真地说明，不过我连一个也听不懂。英可说螺旋桨噪音很吵，于是我戴上了耳机，看起来还挺有模有样的，差点让我以为自己真的是个飞行员。

　　在其他的轻型飞机都起飞之后，英可与塔台通信完毕，再一次确认检查项目，以完成起飞前准备。要做一趟飞行，原本这些检查就该这么彻底吗？还是因为他是德国人的缘故？要不然，是不是因为之前当过风险管理专家，所以个性本来如此？虽然搭轻型飞机让我心里很不安，但看到他如此仔细地确认，也终于使我安心下来。

　　飞机像汽车一样跑了一阵子后就离地了。机场附近的建筑物变得越来越

小，穿过一望无际椰子林的高速公路上，奔驰穿梭的车子看
起来像蚂蚁般渺小。距离目的地马六甲机场要飞行一个小
时，我从英可在iPad上安装的卫星定位系统确认我们的飞行
路线。不知不觉中，我们已经飞行在祖母绿的海域上，由下
方的海面上能看见这架飞机的影子。湛蓝的天空、白色的云
彩就在离我们不远处。飞行的奥妙果然就在这儿！

"想不想操作一下？"英可突然提议。

"什么？"

"你转转这个方向盘，就可以变换方向或高度。"听着
英可的说明，我的手边发抖边将方向盘往右转、往左转、上
下转动。我想起从前第一次拿到新车时，才轻轻踏下油门，
车子就加速得飞快，所以现在我用很轻的力道转动方向盘，
不过好像没什么反应。我再多加点力量去转，很神奇地发现
飞机会听我的话呢。可是，我实在很担心会像飞行表演一样
突然往上直冲，因此稍微尝试一下下后就放弃了，不过英可
还是很热情地想教我，叫我做这个做那个。飞行了大约一个
小时吧？我们的飞机渐渐接近马六甲机场了。飞机以机场为
中心饶了一大圈后，便看到了直直的跑道，此时飞机缓缓下
降了。在抵达着陆后，我们由"后门"进入机场里，并在文
件上签名交给工作人员。我和英可去机场的咖啡厅喝了杯咖
啡，然后再次进入起飞前的准备过程。

回程时，另一位朋友以副驾驶的身份坐在英可的旁边，
而我则以"空服员"的角色坐在后座。大概是因为坐在后
座，所以没有像飞来的时候，有初次飞行的兴奋感。回程飞
行同样的航线，轻轻松松着陆于新山的机场。要是换成了
我，应该不会管有没有缺少螺丝这些事，但是英可依旧很仔

多亏了英可（照片中，站在作者右边的人），让我有机会操纵飞机了

从飞机里往外
看的风景

细地确认检查项目、整理东整理西的。这样看来，我这种人如果当了飞行
员，想必会出大事！

　　有关英可，我对他产生了很多好奇。

　　"你为什么喜欢飞行？"

　　"刚刚才飞了两个小时，所以你应该知道为什么吧？"嗯，虽然那段时
间的确很兴奋又好玩，可是我还是觉得自己比较接近乘客"体质"……

　　"飞行真是个不容易的过程，完全不同于我在公司所担任的职务，是个
新挑战。因为我得完全控制这架飞机，把它弄到天空上飞行。"

　　我好像大略可以了解。世界上有很多事只要靠认真努力就可以做到，但
也有很多事情必须要和别人一起行动才行。抚养家庭、在大企业组织中夹在
六十个部下与许多上司之间的英可，应该有许多无法凭自己的意念办到
的事。

　　"你怎么开始飞行的？"

179

"我在十四岁的时候就开始学习飞行了，一满十六岁就独自乘滑翔机飞行。"

　　"哇！从很小开始的啊！既然喜欢这个，为什么没有当飞行员呢？"

　　"我原本的梦想是飞行员。但因为视力有问题，无法符合空军军官学校的入学条件，感到挫折之下就永远放弃了。"

　　"你的视力很差吗？"

　　"不。其实也不是什么大问题。我是现在这所飞行学校里，少数几个不用戴眼镜的学生之一呢。"

　　"那么，是什么原因让你再度开始飞行的呢？"

　　"我一直无法丢掉对飞行的热爱。但是若想学习飞行，需要非常昂贵的费用，因此我放弃了这个念头，过着一般生活，养两个孩子，也没有闲暇时间……到目前为止，我住在新加坡十一年了，而这里本来就是个小型的都市国家，加上职场里单调的生活让我很烦闷，于是三年前我决定离职不干了。"

　　"那么，现在赚的钱应该比较多一点吧？"

　　"不过飞行训练费用还是很吃紧。幸好马来西亚比新加坡的生活便宜多了，所以我每个周末都来这里。也是因为如此，我想更认真学，希望能拿回本钱。虽然我已经有好一阵子，每天都无精打采地到公司上班，可是自从有了这项活动后，最起码会因为昂贵的飞行训练费，而开始想认真上班了。"

　　"那么，这样子每个周末都来这里参加飞行训练，应该很辛苦吧……"

　　"在飞行的时候就是为了我自己的时候，我能真正感觉到自己活着。虽然身体疲劳，但内心很幸福。当初，我每个周末像这样'往外跑'的时候，我太太心里有点不好受，但后来她也找到可以投入热忱的兴趣了。她最近很迷网球，打得像职业选手一样好，甚至还组建了网球社。不过，若不是这样，我们夫妻关系应该会很难维持。"

　　我没有继续多问下去，然而在言语之间我看得出来，中年危机已来到英可身上了。在一份有五万五千个德国人参与的问卷调查里发现，他们平均在四十三岁时感到最悲惨，年纪到了在公司已有某种程度地位、孩子们也稳定长大，而热忱却像将熄火的蜡烛的时候。英可开始飞行训练的年龄也是在四十三岁。他应该是以实现儿时梦想来克服中年危机的。

"那么英可，你现在的梦想是什么？"

"我想成为飞行教练，也想拥有自己的飞机。"

"为什么是飞行教练而不是飞行员呢？"

"相较于飞行员，飞行教练更像神一样。为了到达那种境界，得有操作商用飞机的经验，也得拿到各种资格证。此外，就算投入全部的时间，也要花上一年半才行，而我又不能辞掉工作，所以更不知道要花几年，可是就因为它不容易，所以我更想成就这个梦想。"

"你想拥有什么样的飞机？"

"一种是和这个类似，不过有四人座的，而且引擎稍大一点。另一种是德国制的，虽然机身比较小，但机动性更好。"

他好像说了一些名称和相关技术方面的知识，但由于我听不懂，只能频频点头。唉，技术这方面果然不是我的强项。

"如果十年之后再和英可见面，你应该已经成为飞行教练了，是不是？我刚发现英可应该能当个很不错的老师呢。"

"这样该有多好！"据悉，中年危机来临时，人们开始苦思"自己到底为了什么而活？""我正往哪个方向前进？"等问题，也因为想到自己从未好好经历人生，所以患

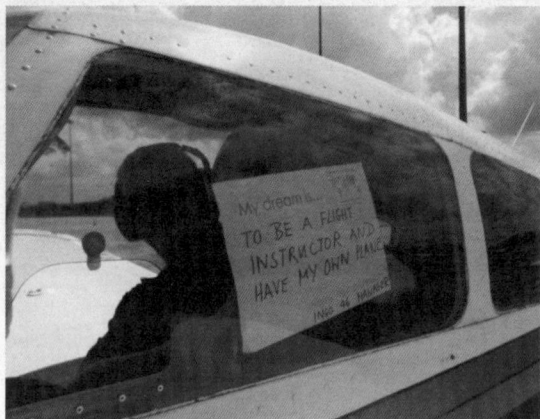

我想成为飞行教练，也想拥有自己的飞机

上忧郁症或自我亏欠感。因此，某些人会以名车或高级洋酒来安慰心情，甚至容易陷入不伦恋。但是，别这样吧，再度向自己的梦想挑战才是好的。

　　比起忙着成为社会新鲜人的二十几岁、忙着养家的三十几岁，在经济或养育负担上更有余力的四五十岁，应该更是能真正重燃梦想的年纪吧？十年之后，我就满四十一岁了呢……如果某一天，我面临中年危机时，要不要去找英可学飞行？嗯，我看我还是别去好了，为了天空的安全、陆地上的快乐，我想我应该去学跳舞，然后，把我老公送去英可那儿好了。

若这是梦，
我不想醒来
05

为了我的第四十二个梦想，在想登上圣母峰基地营、攀登喜马拉雅的第二天晚上，我到达了位于海拔三千七百米的南治巴札山庄。太阳一下山，气温就降到令人身体颤抖的寒冷，因此大家都围在暖炉旁边聊天。我为了暖暖身体也跟着挤进去，听到一位橘黄色皮肤、头发鬈鬈的男生正说得很起劲。

"听说大雪原那边现在很危险，所以还没有开放，但是我们就直接穿过去了。那个风唷，不知道吹得有多强喔，人都差一点被吹走了呢。'那个湖'的湖水整个冻得硬邦邦，可以在上面走路……到了晚上，气温降到差不多是零下三十度吧，我连眉毛上也出现小冰柱了。"

现在是三月初，算是刚跨进登山季但还相当冷的时候，而他们从登山季一开始就已经攀爬过一趟了。才开始爬山第二天的我，耳朵不由得继续听下去这个人说的内容。橘黄色皮肤的男生持续分享着，说着曾经在世界各地上山下海的冒险经验谈，让我忘却了时间。此时，导游山米尔叫我吃饭了。吃饭时，我才想到自己只顾着听有趣的故事，完全忘记请教对方大名。于是我再度走向橘黄色皮肤的男生和在他身

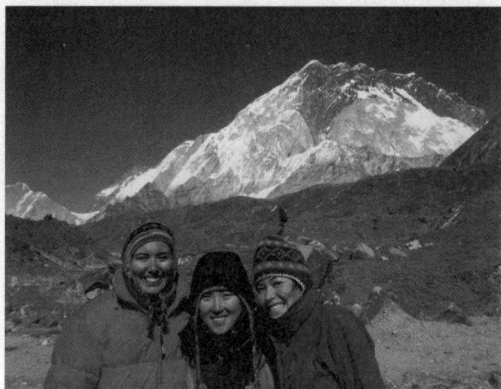

见到为了梦想
而活的人，使
我心跳加速

边的女生。

"你好，很谢谢你刚才分享了你的故事。我叫寿映，今天是我朝圣母峰基地营登山的第二天。你们看起来像是正在下山？"

"哦，你好，我叫丹。她是我太太洁妮。"意大利裔美国人的丹他说自己与瑞士籍的太太洁妮一起住在瑞士的意大利语言区。在酷寒气候下，洁妮看来颇为辛苦，布满雀斑的皮肤被晒到几乎脱皮。

"幸会。不过你们两位从事什么工作呢？怎么会有那么多冒险经验？我也算是旅行过很多地方了，但听完两位的故事，真觉得自己的算不得什么。"

"啊，我是专业户外摄影师，而洁妮正边写文章、边环游世界。"

"哇，光凭想象就觉得很棒。那么到目前为止，你们两位去过几个国家呢？"

"咦……不晓得……很多很多，没有数过啦……"这两个人互看微笑着。丹拿出笔记本电脑，打开名为"户外"的文件夹，让我看看他所拍摄的照片。在数千米高、令人发晕的悬崖上，从攀岩者的上方拍下的照片、奔跑在白色雪原上的人、攻上山顶露出满足笑容的人、以雀跃的心情跳着下山的人、登上极高山峰正欢呼的人，等等，极限的自然环境与向大自然挑战的人们，活生生地记录在照片里。

"哇……真是言语难以形容的伟大。"我觉得，比登上圣母峰还更厉害的人，是拍下荣耀时刻的人。这些照片应该也是在极为艰难的努力下，得到的结果。旅行摄影需要具备对拍摄主题的情感，以及瞬间掌握画面的眼光，而户外活动摄影为了决定性的瞬间，得再付出更多辛苦与准备。摄影家除了要背着与登山者一样的装备，还得外加上摄影器材，为了拍摄登山者们，户外活动摄影家要走得更远、更高。为了将令人发晕的攀岩画面收入镜头，丹只靠一条绳子拉住自己或吊在树上，在气温零下的气候里，手边发抖边换镜头。像这样不知挑战多少次，在每个关键时刻所拍下的珍贵照片，装满在丹的笔记本电脑里。

在隔天的早餐时间，我再次遇到了丹与洁妮。他们看起来食欲旺盛，很快地吃完了整盘的烤面包与西式蛋饼。我们继续昨天的对话。

"你是怎么开始摄影工作的？"

"我原本是个专业攀岩者。当时我像是模特儿，让其他户外活动摄影师拍摄，后来自己也爱上摄影了。接下来的十三年里，我边环游世界边将健行、攀岩、滑雪、雪板、自行车、骑马、瑜伽、旅行等各种人类挑战收在镜头里。"

"曾经遇上过危险吗？"

"如果是指暴风的话，那个遇过太多次了，曾有过被暴风困在山上，好几天没粮食吃的经验。也有过帐篷被压在雪

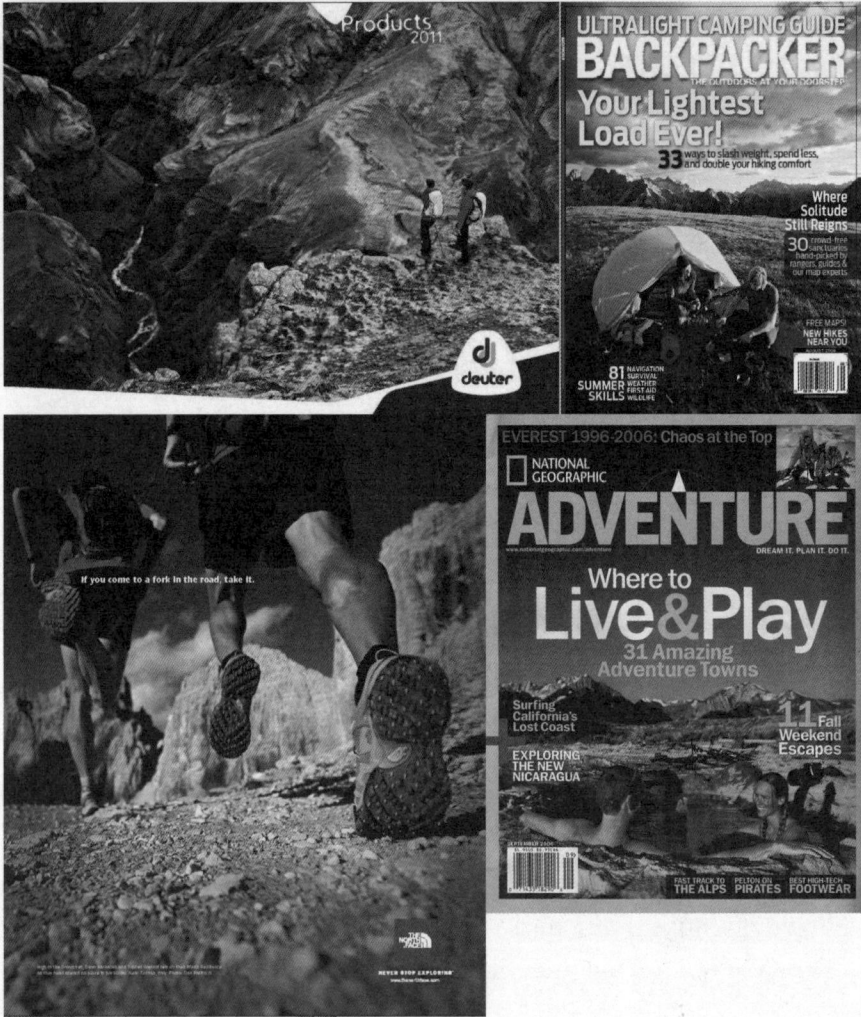

丹的摄影作品刊登于知名杂志与户外活动品牌广告

里，得扒开雪把帐篷弄出来。"

"这当中不曾害怕过吗？"

"嗯，习惯之后，与其说害怕，倒不如说是感到有点不便。虽然有几次是我真的也害怕了，哈哈。"

"像这样旅行时，不会想念都市里安稳的生活吗？"

"这是我热爱的工作呢！每次回到都市的时候，我反而想念山野。"

"只从事自己想做的事情，有办法维持生计吗？"一听到我问这种无知的问题，丹打开了计算机里名为"客户"的文件夹。我发现昨晚他让我看的照片，正刊登在《国家地理杂志》《运动画刊》，以及《The North Face》《杰克狼皮》《Goretex》《Mountain Hardwear》等世界级户外活动品牌广告里。

"照片售卖的方式有好几种。有时候我们把拍下来的图库卖给客户，有时也按照客户的要求，跟着远征队或运动选手团随行拍摄。"

"天啊……真的是个梦寐以求的工作呢！鼎鼎大名的杂志社和户外活动品牌都成了自己的客户，真不简单……"

"的确相当辛苦。头两年我们连房子也没有，得住在旅行车里生活。不过我和洁妮就开着那台旅行车在美国和欧洲各地认真拍照。在经过一连串各种努力后，终于打下基础。"

"很多人认为工作与兴趣是两码事，因此以不情愿的工作赚取收入，然后再去做自己真正想做的事。不过，你的兴趣与工作竟是同一件事呢。"

"也有很多人问我，想知道该如何把自己喜欢、想做的事变成一份工作。从前我和大家一样，但走上其他人不走的这条路时，我曾问过自己，我做的是对的事情吗？然而，当我读到约瑟夫·坎伯所写的《神话的力量》，书中有句话："住在梦想的世界里，就会被与自己的梦想相仿的人围绕着"，而我决定相信这句话。我不断追求着自己的梦想，很自然地梦想就成了向往的现实。"

在那一刻，我觉得自己所经历过的人生大小事，一一在我眼前经过。一直以来，我告诉别人不要把梦想塞在现实的框框里，要将现实放在梦想的格子里。此时，我就与明白这个秘诀的人面对面。我整个心跳加速，丹好像读到了我的心声，他给我这样的确认。

"不曾为了自己的梦想挑战的人，只会认为'展开你的梦想'是一句陈腔滥调，但是，当挑战自己梦想的时候，你才会懂得原来不是这样。追寻着梦想而活，将在某一瞬间发现梦想已是现实。"

虽然，光会做梦决不可能使任何事情成真。然而，正如安德烈·马尔罗所说："长时间想象梦想的人，会和那个梦想越来越像"；不断地想着梦想的内容，从已经梦想成真的人身上学习、为了实现梦想开始挑战，这么一来应该会渐渐接近你的梦想。若是从头就只会盯着现实，是绝对无法超越这个现实的。

"那么，丹，你现在的梦想是什么？"

"我正过着的生活简直像梦一样。因为过去二十五年里，我天天投入在热爱的事情里。我真的非常幸运，对吧？我永远不想从这个梦里醒来。"

他很谦虚地说自己幸运，但我想他的热忱与自信，才是让像梦想的生活成真的原因。他那散发出昂然自信与幸福的橘黄色的脸，被喜马拉雅的日出映照得更显灿烂。

"十年之后丹会在哪里、会在做什么呢？"

"我想应该跟现在差不多。天知道我们会不会在现在这个地方再度相遇，或是在某座山上碰面？"

　　电脑里，一个以"人们"命名的文件夹，丹让我看了里面的照片。小朋友们因为烈日与冷风而粗干的脸颊、普斯赫卡尔的骆驼市场、脸涂成天空蓝的印度教圣者小朋友……

丹为我拍下因高山症
而憔悴的模样

　　他说想拍一张我的照片。我既没化妆又没洗头，还因为高山症而面容憔
悴，于是连连嚷着不要拍，不过随即自己又说自然就是美，然后在一片笑呵
呵中，喀嚓！像村姑般满是雀斑的脸与腼腆的微笑被收进镜头里了。因为追
寻梦想来到喜马拉雅山，三十一岁的我，这张照片也存入了"人们"文件夹
的一隅。

胜过地震的
一盘寿司
06

　　从东京出发，我花了将近五个半小时才到了日本东北地区的气仙沼。我清晨五点半出门，在代田桥车站先搭京王线到新宿，再搭 JR 到东京车站，从那儿搭时速三百千米的新干线到仙台，接着换乘的，是像来自20世纪30年代的可爱旧电车，往岩手县的气仙郡去。这样一大早急急忙忙赶到乡下，是为了看东北大地震留下的痕迹。

　　2011年3月11日，天灾在一瞬间到来。发生芮氏规模九级的大地震，距离陆地六十千米的海上，产生宽度一百八十公里、高度五至八米的巨大波浪，冲垮了东北地区。大约有两万五千人死伤或失踪，三十四万人紧急避难，好一段时间因燃料不足，人们承受了极大的苦楚。据说为了复原遭到破坏的基础建设，需要十兆日元（约六千八百万元人民币），足以明白自然环境的破坏力远超乎人类的想象。

　　地震后过了一年多的现在（编按：本书原文出版时间为2012年9月），受害于地震与海啸的民众到底怎么过日子的呢？失去房子、职场，甚至家人的他们，还剩下什么梦想？是茫然若失而放弃，还是依然紧抓住希望？

　　我正是为了想找到这些问题的答案，所以大清早往东北

已经过了一年多，海啸留下的痕迹仍存在

出发。此外，虽然不是多大笔钱，但是当时我透过红十字会捐了半个月左右的薪水，也想"确认"一下这笔捐款被如何使用。

由于临海附近的铁道全部遭受破坏，因此得在最后一站气仙沼站下车。有车站坐落的这条马路看起来还好，但往海边方向走个十分钟，就开始见到海啸留下的痕迹。

掉落的门、窗户、广告牌、破裂的墙壁等等，这些还算是情况好的。电线杆倒在地上，各种电线凌乱地散落满地，冰箱和各种家用品被大浪袭卷冲到大街上生锈摆着。老百姓完全撤离、不见人影的街道，被留下的孤寂建筑

物上画着红色圈圈，标示为海啸受灾屋。结构完全歪斜的船
只停在离海很远的高处，让我能猜到当时的情况。

沿着防波堤走时，发现地面龟裂，一不小心脚就会陷进
去。位于港口两层楼高的货柜建筑，往侧边整个倒卧下去并
且被压扁，由于吹了一年的海风，所以全都生锈长苔了。同
行的玲奈告诉我，这里还算良好的了，在其他地方有一艘大
型渔船被冲到离海很远的地方搁浅，就算日渐生锈也没办法
动手。

沿着港口走，我们遇到了正在整理鱼网的渔夫们。一听
到我的破日语，捕剑鱼船的船长问我是不是韩国人。

"是的。船长先生，您的船好像没有受到海啸的影
响？"

"发生海啸的时候，我们正在大海中航行，所以什么都
不知道。等回到港口后才发现停泊在港口的设备全部都被破
坏。受损的金额非常高，但是因为补偿的问题太复杂，目前
连一分钱也没拿到。"

"真可惜……不过幸好您身体平安无事，这是很大的福
气啊。"

"我是没问题，不过我的父母失踪了。"

"……"船长淡淡地告诉我们，无论怎么找都找不到父
母，他只好暂时认为两位已经过世，在三月十一日办了丧
礼。起初，因失去双亲与设备受损带来的打击，让他什么都
没办法做，不过半年前他再度开始捕鱼了，"活着的人还是
得活下去。"他说。露出亲切微笑的他，将剑鱼的嘴巴送给
我们，说这个东西被"升华成艺术作品"了。

我们决定到船长先生告诉我们的临时市场吃午餐。由失

海啸发生之前，报纸曾
介绍过的特级寿司店

去生活根基的人合力开设的这个市场，是在两层楼的货柜里聚集，开了鱼
店、店铺、理发厅、餐厅等小型店家。我们进了叫"特级寿司"的小餐厅。
在厨房里，父亲与儿子一起做寿司，母亲过来递菜单给我们。在东京无论多
便宜还是要大约九十七块的寿司盖饭，在这里却只要二十三元！超乎期待的
美味让人感动，正当我们狼吞虎咽吃寿司盖饭的时候，眼前发现了一台迷你
玩具火车。这台玩具火车用来连结其他列车的卡榫被弄断了。

我想："因为这家店叫'特级寿司'的关系吗？怎么会有特级火车的玩
具呢？"

注意到我的眼神的玲奈，帮我向老板询问。对于我们疑问的解答，在结
账台附近贴着的一篇旧报纸文章里可以找到。2009年海啸发生前，以"欢迎
光临"为标题的这篇报道，照片中带着笑脸的老夫妻，两人之间放着和其他
回转寿司不同、拖着寿司跑的玩具火车。

"啊，那么照片中的玩具火车就是这列火车！这么说，卡榫被弄断也是
因为海啸的关系吗？"

我们正聊着的时候，在整理收据的老板娘过来亲切地为我们解释。

194

"是的。挖遍了垃圾堆才终于找到这列火车的残骸。"

坐船航海于全世界的老板阿克，在1975年，三儿子次郎六岁的时候与太太久子一起开店。当时，使用转送带的回转寿司店得付三十万日元（约一万六千元人民币）的专利使用费，于是没有资金的这对夫妻，亲手做了拖着寿司跑的小火车。从开张以来，将近三十五年里，除了每周二之外，一天都不曾休息过，每天从上午十一点营业到晚上九点。次郎在满二十岁时也加入了厨房工作。

"那么，因为海啸，这篇报道里所介绍的店就受灾了，是吗？"

"就那样了……全部都是……海啸毁了我们的房子和店，避难处的棉被就是我们所拥有的一切。"

默默听着的儿子次郎拿来了一台摄影机，将摄影机连接到电视，让我们看到当时的照片。

"这张照片是海啸发生的隔天拍的。"照片里，连店面的痕迹都找不到，所有的东西全部被破坏殆尽。

"发生大地震的时候，突然停电了。之前发生地震也没有过这种情形……因为觉得有点危险，所以我带着母亲和客人们到那边山坡上的学校疏散，之后海啸就来了。"

虽然次郎的声音听起来并不激动，但他的睫毛微微地抖着。他母亲接着说：

"我拉着儿子的手疏散到学校，不过根本不知道有海啸。隔天下山后，才发现所有的家当都毁了，好一阵子根本来不了这附近。光是清垃圾就花了至少一个月吧。"

"开了三十五年的店就这样不见了，你们受到的冲击一定相当大吧。"

母亲不说话了，次郎无心地操作着摄影机让我们看下一张照片，但只能看见遭到破坏后的垃圾堆而已。海啸过后的第四个月，和他们一样失去店铺的民众们，一边说不能这样消沉于失望中，一边提议让商圈复活起来，所以大家齐心合力，在接近圣诞节的时候，借着一些人的帮助，开了货柜搭建的临时市场。

一位客人进来点了寿司盖饭，于是次郎的手脚忙碌起来了。

"其实，在这件事情后的几个月里，曾茫然若失地过着，也想过不再开寿司店了。但以前的老客人告诉我，他们想再吃我做的寿司，我才明白'啊，这就是我该做的事'。"

为了想一尝自己手艺的客人而振作的厨师，这应该也是一种匠人精神吧。次郎用鲑鱼卵装饰寿司盖饭后，递给坐在吧台的客人。

"海鲜丼，请慢用。"

"阿姨，您的梦想是什么？"

"我想把这里恢复成和以前一样的寿司店，小朋友们看到火车可喜欢的呢。"

"次郎的梦想呢？"

"我想和家人一起过更好的日子。因为海啸，我婶婶和侄子的家人过世了。他们再也回不来了，所以起码我要对活着的人更好。"

"你也当新郎啦！"在旁边的父亲打趣着。

"哎哟，您结婚了吗？恭喜恭喜！什么时候结婚的？"

"两个月前。"他的脸上轻轻地浮现微笑。

"是不是因为海啸过后，所以赶忙结婚的呢？"

"没有，不是这样，不过……因为，不管是怎样，我都想认真去做。"

因为不好意思而脸红起来的他，让我看到自然的法则。春天的暖意铺满大地，夏天在洪水过后出现绿地，秋天的凉风使花凋谢结果，冬天的冷风与冰雪像似夺走生命，但白雪底下却有新的种子正准备萌芽。灾难或人生的危

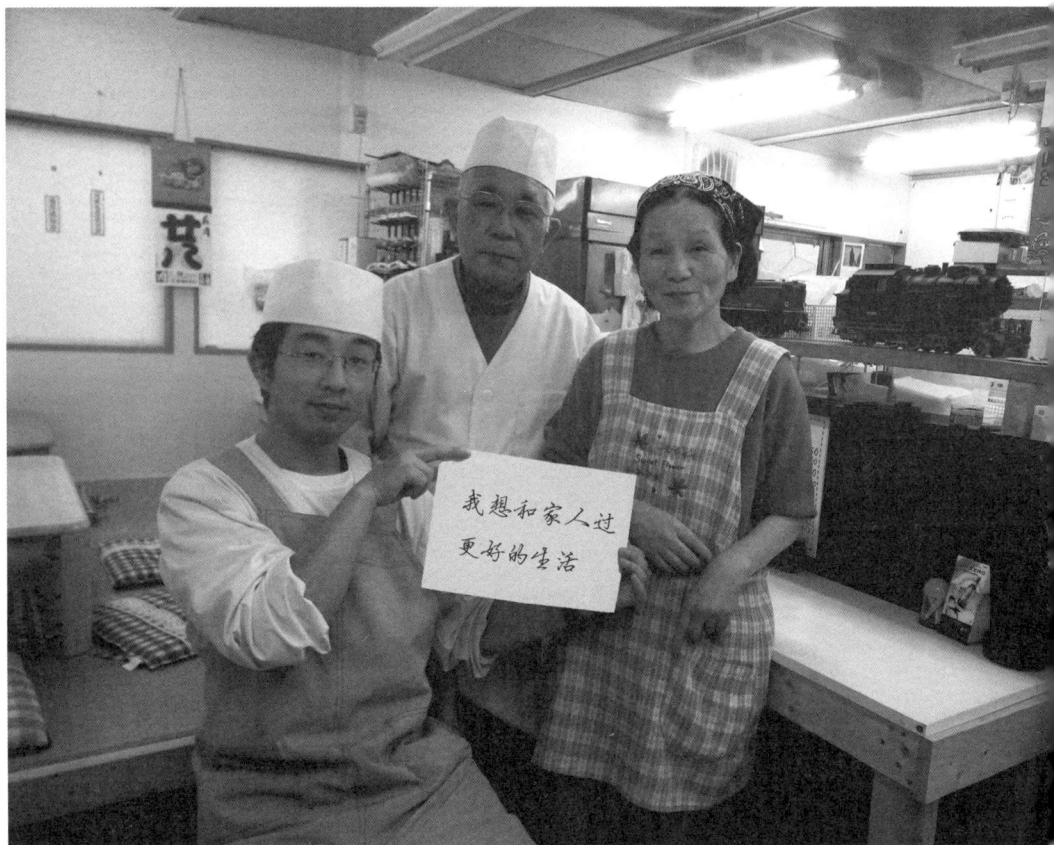

我想和家人过
更好的生活

机，不一定会带来结束；在不同人身上也可能变成生命的延续，或成为下一个阶段的过程。正如次郎的家人重新开起被破坏的寿司店、迎接新的家人，虽然火车停止转动，但生命还是会持续下去。

　　回家的路上，我们到鱼店将发出腥味的剑鱼嘴巴包好。鱼店的老板夫妻说："从哪儿得到了这么好的东西"，帮我们用报纸细心包好放进塑料袋。这不是需要收费的事，但依旧细心帮助别人的他们，令人感谢。难道因为是乡下的关系，或是经历过灾难的缘故？这里的每一个人都充满人情味。在下着雨、阴凉的天气里，我拿着便利商店买的罐装咖啡取暖，搭上了往东京的火车。对地震受灾区的记忆太强烈的缘故，那天晚上的梦里，一阵天摇地动的感觉让我醒过来，不过这不是梦，是整栋大楼摇摆，真的地震了。芮氏规模二点六的地震持续一分三十秒，我在短短地震的影响下，因为害怕而无法好好再睡，更无法想象东北地区的人们所经历的芮氏规模九级的地震。然而，有些人被如此骇人的地震夺走一切后，默默地再起步了。不放弃对生命的希望、活下去的次郎先生，我希望十年后再到他所开的店里，看见寿司火车重新起跑。

四十八小时的
奋斗
07

今天是爬山的第六天。我手紧紧按着痛得快爆开的头，在大约凌晨一点多左右醒来。厕所的水泥地板上结了薄冰，由于怕自己会不慎滑倒，因此将双手用力抵住墙壁后，开始呕吐。我在南治开始有的高山症日益严重，从昨天下午起什么都不能吃，人也无法清醒。凌晨虽然用力干呕，但是因为没有进食过，当然也没有东西可以吐，只吐出了苦苦的胃酸。幸好这样也让一直作呕的肠胃稍微镇静下来，我得以钻回睡袋里，将热呼呼的保温瓶放在肚子上。只是一躺下来还是晕眩，我的精神又恍惚了起来。不知道自己到底醒着还是睡着，而我的记忆飞回到2008 年的阿根廷。

. . .

我正在天空上飞翔。在远处，巴塔哥尼亚地上堆积的白雪上能看见直升机的黑色小影子，数十座湖与冰河也一览无遗。来自门多萨的空军弗雷德里克说，他为了绘制阿根廷与智利的国境而飞到这里。每回一见到我就脸红的他，为了想用直升机载我，大概向长得像卓别林的长官拍了不少马屁，

巴塔哥尼亚的天空

可能也送了瓶来自他故乡的葡萄酒吧。

　　直升机着陆后，弗雷德里克边说着："明天我们要不要一起喝杯啤酒？"边向我眨眨眼示意。"好，就明天下山之后吧。"我也笑着回答他。然而，当第二天完成了前往舄湖的健行后，我却因太累而无法赴约了。因此我与相当失望的他勾勾手指约定了第二日。

　　"明天，明天我一定会守约的。"但是，隔天走的冰川湾国家公园的路，比前一天还更不容易。听说平常需八小时的健行路程，但因为中途迷路的缘故，所以花了十个小时以上才完成，而且最要命的错误，就是我独自一个人，只带着一个三明治与半公升的水就出发了。要不是在山峰遇到人把我拉回来，我可能就在山中的某个地方倒下去了。

　　我一下山就狼吞虎咽地吃了牛排，但大概是这让我吃坏肚子了。我开始

曾经因为高山症那么辛苦过，我为何还决定要登上圣母峰基地营呢

呕吐、发烧，外加严重头痛，整个人完全打不起精神来，躺着翻来覆去好一阵子后才睡着。然而我在一阵敲门声中被吵醒，看见弗雷德里克一脸几乎快要哭出来的表情。

"你还好吗？我从下午四点就开始一直等着你呢……"

"现在几点？十二点？我真的很抱歉，可是我非常不舒服。"

"为了和你一起到河边看夕阳，我还准备了两瓶玛黛茶呢……"

"对不起。我身体真的很不舒服……"我就这么让一把鼻涕一把泪的他回去了。山，总而言之就是个令人吃尽苦头的地方，而后只要一想到山就恨得牙痒痒的我，在前往乞力马札罗山时，差点因高山症而丢了性命；现在为了想抵达圣母峰基地营而来到喜马拉雅山这里，又再度因高山症病倒。我这么做到底是为了什么？我是不是对成就上瘾啊？这真的是我想达成的梦想吗？

． ． ．

听到萨米尔敲门的声音，我好不容易睁开了眼睛。时钟指着早上七点。

"寿映，你的脸色完全是苍白的。我们今天要进行高山适应训练，可是你应该不行吧？"

"我……完全不行了。我在这里休息，你们出发吧。"我喝着保温瓶里略微变凉的水，透过门缝看了一眼破晓的天空，依旧暗沉的天空中，某个地方好像正散发出光线。只是我身体里仍是一阵翻肠倒胃。

我到底为了什么，要到这里吃这些苦头呢？只是，我连思考答案的时间都没有，又再度陷入昏迷状态。记忆飘回到2005年的首尔。

． ． ．

第一次与他见面是在光华门附近，在一家播放异国风音乐的印度餐厅里。我大学的学姐到了光华门那里，说想与我见面。当我赴约时，认识了带着让人心里舒坦笑容的他。当时我在高盛工作，而职位为副总的他所任职的公司正是我们的竞争对手。他将坦都里烤鸡用刀切下，放到我的盘子里说："尝尝看。"

当时我是第一次吃印度菜，也是头一次听到有个国家叫"尼泊尔"。说自己喜欢山的他，将"安娜普纳"与"圣母峰"很自然地融入对话里。对于每天在办公室里望着天花板发呆的我而言，他的故事有如喜马拉雅的白雪般，既凉爽又新鲜。或许是因为这样，一向连爬坡都讨厌的我，在列出梦想清单时，写下某一天要去圣母峰。

他是竞争对手公司的副总，不是能轻易接近的人，但起码在离开韩国前，我很想再与他见一面。正忙着处理公司并购案的收尾程序的他，能见面的时间只有二十分钟。面对他，我第一次说出了几年来一直珍藏于我心中的梦想清单，而那一刻，他的眼神与表情突然起了变化。在隔天凌晨，当他工作快结束前，发了条短信给我。

我预备离开韩国的三天前，我们在某家酒吧见面了。大大敞开门窗的酒吧里，拂着脸颊的秋风凉爽地吹进来，我们一杯、两杯、三杯接续地喝着气泡绵密的黑啤酒。他是个出生于富有家庭、毕业于名校、三十几岁便已冠上"副总"职衔了不起的人，原以为与我是两个世界的人，但相谈越久，也越被他质朴的形象吸引。接着，我开始退缩起来。

"我是再过几天就要离开韩国的人。千万不行，我绝对不能喜欢上他。"我这么想着。

然而，当他正说着自己人生当中最痛苦经历的时候，我开始觉悟到一切已经没救了，我无法一直看着他的眼睛，只好躲去洗手间里，而在镜子中所呈现的，是一个已经陷入爱情的女人。好不容易我让自己清醒过来，再回到位子上时，我听见了他与调酒师聊的内容。

"你不觉得她很漂亮吗？"

"是啊，我觉得你们两个人满配的。"

"不过，听说她再过几天就要离开韩国了……"

"你好好把握住她，别让她走。"

"我也很想这么做……但她是为了自己的梦想而离开的，我怎么能抓住她。"

我什么话也没说。一看到我回来，他就自动切断对话了。谈话中断的那个间隙，被戴米·恩莱斯的歌曲（The Blower's Daughter）填补了。

I can't take my mind off you. 我无法将心神从你身上挪开。

I can't take my mind. 无法挪开。

My mind, my mind. 我的心，我的心。

曲终歌声渐弱，而我们也无法再忍受尴尬的气氛，于是大家都无言地散去。我带着忧闷的脚步往街道走去，忽然间，一滴、两滴，开始下起雨来，他在自己肩膀与我的肩膀之间撑开雨伞，但倏地瞬间落下倾盆大雨，强风将雨吹到全身，也让我转进他的怀里。他温暖的手抱住我淋湿的肩膀，我感到他的嘴唇迭在我的唇上，他扔下伞以双手拥抱着我，我们不顾全身湿透地在倾盆大雨中热吻。

雨势变小之际，他伸出手来。

"我不能这样让你离开。我们约好三个月后在古巴见面，到那个时候我们一定要再相逢，你能答应我吗？"

我点点头，我们勾勾手指头许下了承诺。从那个时候开始，一直到我的脚踏上飞机，我的脑袋里充满了担忧；若我留在韩国，有可能与他发展下去吗？虽然我人已在机场，但是当闻到免税店飘来他喷过的香水味时，又不断犹豫不决。

到了英国之后我决定要坚强，虽然很想念他，也收到他的电子邮件，但是我全都故意不理会。一开始我没有生活费，甚至要在咖啡厅找打扫的工作机会，当然也不可能有飞去古巴的机票钱。我不想让他看见自己穷留学生的样子，更担心自己与他一说话就会想回去韩国，因此虽然曾想过要回信给他，然而自己却又数次用力按下删除键。每当遇到这种情形，我就想象自己某天会成为一位成功的女性，站在几百人面前昂首演讲的画面；我一边想象着某一天这些会变成真实，一边合理化当下的决定，站在镜子前对自己说各种好话。

　　时间过去，我拿到硕士学位而且成功找到工作了，在等待正式上班之前，我以近视雷射手术为借口，回韩国一趟。在犹豫了很久之后，我拨了通电话给他，我们在从前见面的那家酒吧相逢了。当年的那位调酒师不在，店里可能因为天气寒冷而将门窗紧紧关着。他的样貌完全没变，但他看我的眼神里含着寂寞。

　　"因为没办法联络上你，所以我放弃了去古巴旅行，一个人跑去上海四天三夜，就自己这么走着走着。这段期间也来过这家酒吧很多次……"

　　"……"

　　"我要结婚了。"刹那间，我不自觉地闭上眼睛。

　　"……"虽然感觉像几乎快不能呼吸，但我一句话也说不出来。

　　"为什么到现在才回来？过去一年半里那么多电子邮件完全不回，却在我好不容易整顿心情、即将结婚的这个时候！"

　　"……"我心里想说："我因为担心自己和你联络了就会心软，会想放弃所有回来，会后悔成为一个男人的女人……所以我干脆去帮别人打扫，想靠自己一个一个的实现梦想，然后抬头挺胸地出现在你面前！"虽然我心中的哭喊像电吉他般，然而我终究没有说出那些话。从此以后，我没有再见到他，不是，是我故意压抑想和他联络的念头。可是，我去听了戴米·恩莱斯的演唱会，也曾想着他哭泣。在旅行中，同样不断地想念他，所以我写了几张明信片寄到他的公司，但地址只写了哪条路却没写几号。那些明信片也许就像落叶一样，被扫到某处了吧。

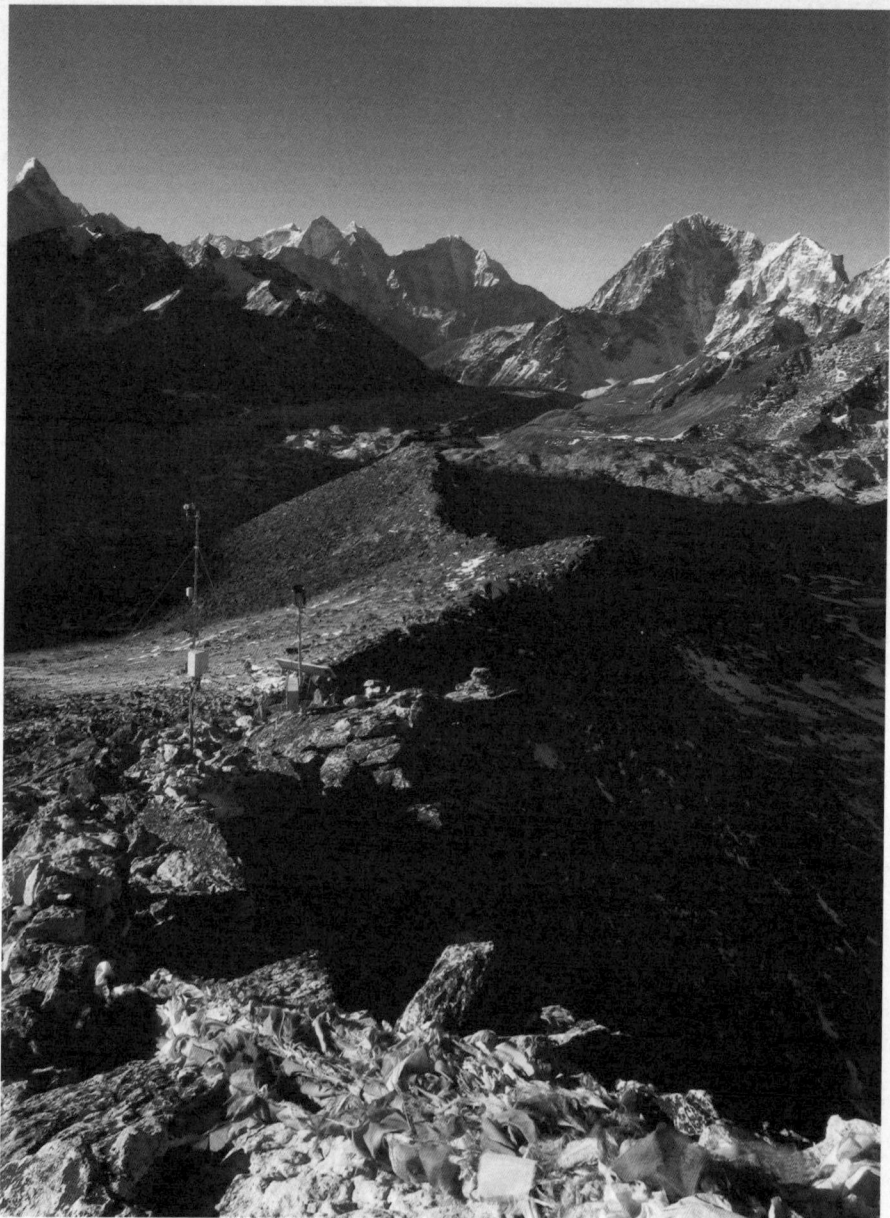

喜马拉雅山让我将过去所有的记忆都吐了出来

. . .

有人又来敲门，是萨米尔拿粥过来。

"起码要吃点这个，如果一直不吃，身体会更难受的。"清醒后，才发现自己好像流了一整晚的冷汗，手连拿汤匙的力气也没有，全身更是不断发抖。到底是哪来的力气做了那么逼真的梦呢？

才吞了一两汤匙的粥，胃里马上涌起快吐出来的感觉。我放下汤匙，为了安抚翻搅的肠胃，喝了杯橘子茶，因为想顺便漱漱口，我拖着歪歪倒倒的身子离开了房间。虽然阳光很亮，但海拔四千四百一十米的空气仍然寒冷，我看见一只老鹰飞翔在天空，那只老鹰应该不懂高山症这种东西吧？我无力地笑着。我心想，"都是因为你，我才会来圣母峰的。过去七年里，在我心底的某个角落像刺青一样抹不去的你，让我来到了这么高的地方。所以啊，我只要经过免税店，就会找一找那种香水闻闻，但没有勇气买那瓶香水；虽然后来认识了很多人，却无法打开心门，这都是因为你。现在，到了放开你的时候了。"我闭上眼睛，为了已成为某人丈夫或可爱孩子爸爸的他而祈祷，希望他幸福。再睁开眼，看到老鹰往我的方向飞来又飞回去，在海拔四千四百一十米的天空里，关于他的记忆像粉末一样随风散去，吹到远处、无边无际的地方。

我走进山庄的餐厅区，墙壁上的时钟指着下午四点。我看到山庄老板正剥橘子来喂小孩，嘴里不知不觉渗出口水，已经足足一星期多没吃到新鲜食物了。我问能不能买点橘子，老板却回答说这是最后一个，我好想问她能不能给我那个橘子，我会付很多钱的，但还是克制住自己了。因为不能用钱来抢夺稀少、要喂给孩子的橘子。

已经大约三十个小时没有吃饭了吧？想到这点就得吃点东西，于是我点了沙拉，虽然说是沙拉，但也只不过是余烫过的高丽菜加上了盐巴。可是，我连这个也没办法吃，只好又放下叉子。连生病的力气也没有，我抱着装着滚烫热水的保温瓶钻进睡袋里，接着又开始后悔起来。而我只要才开始想着，"究竟为了什么来到这么高的地方？要不要现在下山？"睡神就立刻把我的意识夺走了。

. . .

"什么？我是猪？你这个死丫头敢骂我！"

"对不起……我……我说错了……"连话都还没有说完，一把刀就往我的胸口飞过来了。刹那间，我的身体往前倒下，刀子擦过身体、经过我的肩膀，撞在墙上。一起吸胶毒的其他孩子们被吓到，一个、两个开始纷纷逃跑。

我想着，"我为什么要和今天刚认识的这些哥哥们到这里啊？又为什么对脸长得最凶的这位大哥开玩笑说'猪'这种话？"

刚刚什么话都没有说的他，吸了胶毒后，像是要发泄累积了一辈子的怨恨般开始殴打我，应该是幻觉造成的力量吧。

已经习惯被打的我，想都没有想过要抵抗，只有待在原地挨揍。虽然被拳打脚踢，也就是熟悉的疼痛罢了。在家里我早就是被放弃的孩子，就算现在被打死，这个世界连眼睛也不会眨一下。

不知道他的怨恨怎么会抒发不完，现在竟然开始摔所有的家具。

"这个家伙大概也有不少心结吧。像我们这种垃圾般的人生，到哪儿也没得到过尊重吧？"

　　我心想干脆被揍，心里起码还舒服点。他拿镜子往我的头上猛砸的瞬间，我因为恐惧会死掉，所以紧闭着眼睛。我想象哭泣的爸爸妈妈与朋友们，老师们边嘲笑边说："这种孩子死了也活该"的画面。当时幸好我戴着棒球帽，没有伤到脸。打了几个小时后，不知是累了还是幻觉效果到了极限，他整个人垮了。我全身无力地躺卧了几个小时，清醒过来后，我像虫子一样从房子里爬着出来，脚底因为踩到玻璃碎片而流着血。这里到底是哪里？可能是喝醉之后来的，完全想不起是怎么来到这里了。我走下山路，到溪旁清洗血迹。越洗越觉得刺痛，像是玻璃屑插在皮肤里面。

　　"现在几点……这是哪里……我是谁……"

　　· · · ·

　　全身酸痛让我醒了过来。

　　"这里是哪里，现在是几点……我怎么在黑漆麻乌的房间里穿这么多衣服躺在睡袋里啊……到底从哪里是梦、哪里开始是现实？"

　　看看时钟，现在是清晨四点。从前天开始，几乎四十八个小时一直重复着睡睡醒醒。是躺了太久所以全身酸痛，还是因为梦里的疼痛太强烈？那些早已完全忘记的记忆，为什么突然又在梦里出现？我轻轻地摸摸右肩上的伤痕，虽然变小了很多，但十七年来就一直在那里的刀痕，在溪旁清洗血迹的那个少女怎么会来到喜马拉雅山了呢？

　　我哭出来了。曾说着："就算怎样死去都无所谓"的那个少女，为了达成第四十二个梦想来到了喜马拉雅山，但是当中这十七年岁月里，并不是那么轻松地活在这个世上的。被学校赶出去、考上高中、在众人反对声中自学考上大学；拼命兼职十几份，连被炒鱿鱼也没空抱怨，直接搭公交车去下一个打工处；曾以为得了不治之症，受忧郁症折磨了半年。

去英国后，因为不想让我所爱的人知道自己正处在连打扫工作都找不到的窘境，因此不敢与他联络。很多人羡慕我，说我的人生看起来既自由又华丽，然而，现在这种样子，在我三十年的人生里，只不过占了三四年而已。其余的岁月里，我靠孤军奋战才得以生存，同时也放弃了很多东西。

别人还在沉睡的喜马拉雅清晨，哭了好一阵子的我终于领悟了。一无所有的我、曾经被全世界人放弃的我，之所以能到这儿来，是心酸努力的结果。我让自己来到氧气只有百分之五十的此地，经历痛苦的高山症，也是为了重新体认这点。太阳再次升起，赐给我宝贵人生而令人感谢的一天。为了继续攀登，我将装备一个、两个放进包包里。

太阳再次升起，赐给我宝贵人生并令人充满感激的一天

Chapter 05

永不放弃
哪怕遍体鳞伤，
也要活得漂亮

黎巴嫩，
你好！

01

"录音中"的灯亮起来。我将紧张的心镇静下来，动着"啊-喂-咿-噢-呜"的嘴形来放松嘴巴周边的肌肉。

"黎巴嫩，你好！我是来自韩国的寿映。"现在我在黎巴嫩VDL电台《做你自己》的直播节目里。节目主持人米拉德完全不看脚本，只照我所提供的数据，即兴地用阿拉伯语与英语有趣地介绍我。

将韩国比喻为韩流的中心，那么黎巴嫩应该可以被称为"中东世界的巴黎"，因为黎巴嫩是中东文化与艺术的中心。由于黎巴嫩媒体在阿拉伯语文化圈里，具有很大的影响力，若说在黎巴嫩受欢迎的艺人在全中东地区也都大受欢迎，这可是一点也不为过。我在到黎巴嫩之前，曾经问过有没有媒体对梦想全景图计划感到兴趣，因此认识了纪录片导演穆罕默德。他对我的计划表示兴趣，也把这项计划介绍给同在媒体工作的友人们，甚至在我到黎巴嫩前，就已经安排好受访行程了。

第一个受访的行程，是未来电视台的访谈节目《人与人》。虽然是在摄影棚里进行的节目，但由于我的故事是放在约五分钟的"小歇一下"单元被介绍，所以我在穆罕默德的办公室里，于很轻松的气氛下，接受记者乔蒂的访谈。虽然在各种打光照明与录像机前的拍摄让我满紧张的，不过乔蒂以流利的英语与老练的访问技巧，让我们只花了二十分钟，在完全没有NG情况下，顺利地完成了。

之后，《人与人》节目的主持人米拉德看到了这次的访问内容，进一步邀请我到他所主持的电台节目里。和具丰富幽默感、身材微胖的他一起进行的节目，令人相当愉快。

"到目前为止，你做过的采访内容中，最令人感到荒唐的是什么？"

"这个虽然不算什么荒唐的事，但我就说一说吧。我在乌兹别克的沙漠里，问一位建设高速公路的工人他的梦想是什么，不过因为我既不懂乌兹别克语，也没有可以帮我翻译的人，所以只得先将他的话录下来。之后才知道，他的梦想是想要爱上我这种女生。明白他意思的时候，时机早就过了啦。"

哈哈大笑的他，将我的话翻译成阿拉伯语。

"那寿映你的梦想是什么？"

"我的梦想是，给别人灵感和帮助他们发现梦想，实现梦想。"

米拉德边挑选符合当天节目主题"梦想"的英语与阿拉伯语歌曲，顺便问我是否对黎巴嫩的大众文化感兴趣。由于我在学肚皮舞的时候，曾听过很多阿拉伯语歌曲，于是回答说我是黎巴嫩歌手南希阿吉莱姆的粉丝。当他播出这位歌手的歌曲《Lawn Oyounak》时，突然邀请我一起唱，我在情急之下，红着脸轻轻地唱了副歌部分，这让米拉德更高兴，他大声地笑了起来。

为时一个钟头的节目结束后，"录音中"的灯熄灭了。米拉德在节目中，每当播放广告的时候就用手机与我一起拍照片，然后立刻上传到Facebook。当节目结束后，他给我看已经有了几十个响应。米拉德为了下一个节目得赶快出发，

将梦想全景图计划四处介绍的穆罕默德，与《人与人》节目的工
作人员

因为他身兼访谈节目主持人、电台节目主持人，以及其他的访谈节目的企划
制作人，同时他还拥有自己的顾问公司。在他开着红色奔驰敞篷车离开之
前，递给我名片，对我说我们很可能会再见面。

　　隔天，他就打来了电话。

　　"你好！这个星期四下午你的时间方便吗？"

　　"当然方便！"

　　"我在黎巴嫩最有名的女主持人拉比亚莎亚的访谈节目里，负责内容企
划主持，我想请你来上上节目，你可以吗？"

　　"哎哟，Hamdullah（感谢神），当然要去！"米拉德像阿拉丁的精灵

一样，不断为我带来新的机会。后来我在网络上搜寻Rabia
的名字，才发现她完全就是黎巴嫩版的奥普拉，是个主持访
谈节目的有名媒体人。

虽然我只是个旅行背包客，没什么漂亮的衣服，不过起
码也是穿上了优雅的黑色连身裙、认真化妆打扮后，到了位
于山顶上的"Al佳基德"电视台。原本以为像《人与人》
一样，是介绍一般民众生活的节目，后来才发现这是综艺节
目。在华丽的摄影棚里，当五六位艺人上台谈论各种主题
时，也随着伴奏唱歌表演。

电视台里的景象，摄影棚、架设着几十个小屏幕的剪接
室与中控室，等候室里有着全副武装、随时待命的彩妆师与
美发师，看来无论是韩国还是黎巴嫩的电视台都差不多。我
被通知坐在等候室里等，因此见到好些有不凡外貌与特别穿
着、一眼看上去就知道是艺人的人。我这个亚洲人忽然出现
在等候室里坐着，可能让他们觉得很稀奇，于是开始过来和
我交谈。他们各自介绍自己是搞笑艺人、歌手，等等，也邀
请我一起拍照。我后来才发现他们全都是相当有名的人呢！

过了一会儿，有一群年轻人来到等候室里并大声喧哗
着。我无法压制好奇心，很想问问坐在身边的这群帅哥们，
而恰巧他们应该也对我感到好奇了，于是先问了我是哪里
人。双方就这么自然地开始对话了。

"我们是迪拜电视台的歌唱比赛'Najm el Khaleej'的
参赛者。从摩洛哥到阿曼，来自二十二个阿拉伯国家的人当
中，已经通过预赛的国家代表们，每星期参赛，而且一个一
个筛选退出。我是阿拉伯联合酋长国的代表。"

来自迪拜、长相可爱的杰森这样告诉了我。这是类似

梦想成为有名
歌手的哈纳，
与希望到西班
牙看足球赛的
杰森

《星光大道》的节目，却是不同国家参赛者间的竞争，所以更接近"欧洲唱歌大赛"。

"哇！好厉害！不过，迪拜的电视节目为什么到黎巴嫩拍呢？"

"因为我们每个星期都有不同任务呀！在这星期里，我们要分组到中东几个国家完成任务。而我本身是黎巴嫩人，所以非常高兴能来这里拍节目。"

来自黎巴嫩的哈纳带着兴奋的表情回答。他原本在科威特的航空公司当乘务员，为了上这个节目而辞职了。

"哇，不错。哈纳的梦想是什么？"

"我想成为有名的歌手，希望我的声音与歌曲能传到宇宙各个角落。"哈纳露出做梦般的表情说着。

突然，有人告诉我上台的时间到了。因为是五到十分钟的简短访问内容，所以是在没有台词的情况下，直接被点名上台。一进摄影棚，由于我没有抓好面对镜头的角度被NG重来，接着就立刻开始录影了。

"花三百六十五天访问三百六十五个人，真是个很棒的计划。那么你为

什么来黎巴嫩呢？"

　　"黎巴嫩是非常具有魅力的国家。其大众文化在全中东地区倍受欢迎，饮食文化闻名于全世界，而且俊男美女又多。所以我开始想了解在黎巴嫩的人们，到底有些什么样的人生故事与梦想，这就是我之所以来到这儿的理由。"

　　其他来宾也纷纷发问了。

　　"听说你有七十三个梦想，你实现了哪些呢？"

　　"你最难忘的经验是什么？"

　　"你听过的最荒唐的梦想是什么？"

　　"听说你喜欢阿拉伯语歌曲，有没有想成为歌手的梦想？比如说像南希阿吉莱姆那样的歌手呢？"

拉比亚，有如黎巴嫩的奥普拉的她，所主持的谈话节目

拉比亚微微笑着问出问题，让我终于明白了米拉德的"计谋"。

我心里想，"果然，这不是为了要我乖乖回答问题所安排的节目。幸亏上次去过电台节目之后，回去有认真把歌词背下来。这回我一定不要扭扭捏捏的！"

"当然有这种梦想呢！我就来唱首南希阿吉莱姆的歌吧，怎么样？"

拉比亚与其他来宾们带着充满期待的眼神望着我看，乐队开始伴奏了。

因为当时太紧张，所以完全都不记得自己到底怎么唱的。阿拉伯语歌曲应该要用抖音唱才好听呢……嗯，这部分虽然有点可惜，不过起码还好我没忘记歌词。在唱了几段歌曲，又多聊了几句，便结束了我的录像。离开前，工作人员送给我一个很大的水果篮当作礼物。

带着水果篮从位在山顶上的电视台下山的路上，望见了山脚下的贝鲁特，觉得它好像是个魔法城市。

我想，"这些像星星一样亮晶晶的屋子里，观众透过电视会看到我的脸耶，啊……来自远方的金寿映唱着阿拉伯语歌曲的画面。人生，还真有趣。"

在我停留于黎巴嫩大约一个月的时间里，包括电视、电台、报纸等，总共有六个媒体介绍了我。除此之外，在亚美尼亚、阿拉伯联合酋长国、印度、新加坡、尼泊尔、中国等国家的三十余家媒体，也介绍过梦想全景图计划。而这些地方的人好像是有着共同点似的，问我的问题都差不多，报道的主题也很类似。

这些受访机会当然不是我坐着等它们自己找上门来的。每当我准备前往新的国家时，都先透过沙发冲浪网站与从事媒体方面工作的人联络，寄给他们有关于我的报道资料，结果十个人当中至少有一个人会有兴趣，然后再链接到其他言论媒体。在这样的过程中，有机会能参与谈话节目，在孟买透过友人的介绍而在时尚秀场参与演出，还有过在报纸上以"模特"身份被介绍的。另外，有一位摄影师正进行的计划和我的全景图计划很相近，他是计划在三百六十五天里介绍三百六十五个Twitter名人，于是当我们互相采访后，我的Twitter账号也在《孟买时代》被介绍了。这么好玩的、金寿映"硬着头皮往前冲"的策略，在世界其他国家好像都行得通呢。

我如此积极打广告的理由只有一个，我希望此刻可能正感到绝望的某个人，有机会重新面对梦想，加以思考。我的心意或许打动了一些人，所以来自世界各地的许多人私信我。

有一对格外热诚的黎巴嫩姐妹，之前常常在梦想全景图的Facebook粉丝专页上，发表自己的梦想，后来这对姐妹考上了自己想进入的大学，此外，她们还分享了拿到全额奖学金去法国念博士班的过程。我曾经在接受新加坡《海峡时报》记者访问时，说过："新加坡人可能因为生活得很舒适，好像只比较关心3C（car、condo、country club membership，即车、房、俱乐部会员），却没有听到令人印象深刻的梦想。"结果有很多人发来抗议的电子邮件，甚至有人是发了像自传般的电子邮件，告诉我在新加坡也有过得很艰辛的人。

曾有过一些让我感到幸福的事情，像是当我在印度的媒体被介绍后，爱看韩国连续剧的印度少女们组成的韩流粉丝团，前来我的网页"朝圣"，留下加油的话语；而某一位想要向韩国女生求婚的俄罗斯男生也写了信给我，我回寄鼓励加油的影片给他，后来他传来了两个人决定结婚的喜讯。此外，我也收到过由坦桑尼亚的贫民学校寄来的信，等等。

梦想应该是超越语言、历史与文化的，能这般的得到各个具有不同人生与经验人们的热情支持，真的让我相当感动。正如登在《坎提普尔》报上的文章里所写的一句话："亲爱的朋友，请追求梦想，你的人生会完全不一样的。"我要与更多人分享梦想。

黎巴嫩与其他很多国家媒体对梦想全景图计划表示感兴趣。无论是哪个
国家，都把梦想当作高贵的东西。

人生到最后一秒
也要按下快门

02

　　在不知不觉中，到了这个旅程的最后一个月，经过中国的香港、台湾地区后，我到了日本。在英国认识的好朋友玲奈来迎接我，拉着我的手臂说有个地方一定要介绍给我。从东京新宿车站出来走了大约十五分钟，玲奈带我走进某一栋大楼里。

　　我们上到三楼，发现在大约二十平方米大的画廊里，正展览着三十余件摄影作品。波涛汹涌的海；在沙发上睡着、脸上五颜六色浓妆已晕开的年轻女生；颜色各异的三双长靴；说漂亮不如说是奇妙的纯天蓝色金丝雀，等等；强烈的色感与粗糙的质感给人很深刻的印象，另外也看到些用图像处理软件将几件作品交叉排列的作品。不过，这场摄影展的主角，竟然是位七十四岁的银发奶奶，我现在似乎明白玲奈带我来这儿的目的了。

　　将短发整理得很有型的莲子奶奶，一听说我是韩国人，就很高兴地说她先生也是在首尔出生的。她给我一张女孩子的照片，但是这张照片是以数张重复迭置构成的作品。

　　"这张是我的婚纱照。"

　　二十来岁的莲子奶奶看起来很清秀。她本人在山形县出生，在结婚后便来到东京，做出版社编辑直到六十岁。

　　"您从前没做过与摄影相关的工作吗？那又是怎么开始的？"

　　"当我先生过世、孩子们都独立了之后，我觉得很寂寞，所以到区公所开办的学校上课。我在那里认识了新朋友，也学计算机，开始使用电子邮件。有一天我看着家里院子的花开得真漂亮，很想让朋友们看看，所以决定学摄影的。"

莲子奶奶开始上摄影课时，已经六十六岁了，不用说老师比她年纪小，别的学生也都是十几岁到二十岁出头，全班除了莲子奶奶以外，年纪较大的同学也是三十来岁。

"您有没有担心过自己年纪太大，可能无法从头开始学某件事？"

"我反倒觉得，既然年纪已经这么大了，学什么也是最后一次机会了。若是年轻人，即使现在不做，晚一点也还有机会，但是我剩下的时间不多啦。现在不做，也许永远都没有机会了。"很多人梦想新挑战的时候，都先想"会不会太迟了？"然而，即使身体在二十岁以后停止成长，并不代表精神也得跟着停止。这位七十四岁的奶奶正在告诉我们：若现在不做，也许永远都没有机会了。

"那么您多久上一次课？"

"每天。我天天都拍几百张照片，从中挑选几张向老师请教。照这样算来，至今拍完删掉的照片已经有几十万张了。"

"您上课也学习图像处理软件吗？"

"图像处理软件是我自己学的，所以……"

"好厉害！不过，看了您的照片，除了带来漂亮与美的感觉，还有不少作品是色彩丰富、打破常规、抽象的。"

"我的摄影老师建议我拍下肉眼所看到的一切，无论是陌生还是丑陋的都没关系。他希望我能将看见的世界不加不减地拍下来。"

依着老师的教导，乖乖照办模仿的学生，莲子奶奶。我再次看了展示的摄影作品，从几十万张照片中，筛选又筛选的三十余件作品，这不只是兴趣，更是浓缩了几年来的热忱所形成的自我。

莲子奶奶忙着跟来宾打招呼的时候，我的眼神移到放在桌上的小册子。这场展览的主题是"风之皱纹"。

"风之皱纹……是什么意思呢？"

"以前我看过一部电影叫《蝉，第八天》。在这部电影里，总是刮着风，每回刮风的时候都留下一点点、一点点痕迹。这让我回顾起自己的人生，在成为一个男人的太太、两个孩子的妈妈一路活过来的日子里，没有一天被风动摇过，而那些风也在我的身上留下了痕迹。在我皮肤上的每一条皱纹就是这些痕迹。"

"韩国人有这么句话，'年过四十的人要为自己的脸负责'，这是指所经历的人生会反映在自己脸上。常笑的人会嘴角往上勾起，变成微笑的脸；常生气的人则会有副臭脸。我看着莲子奶奶的脸，猜想她的人生应该是过得很幸福。"

"我常常听到这种话，不过我认为幸福不是从天上掉下来的东西，我和别人一样尝过很多辛苦。当没钱的时候，我就出去赚钱，要是有让我觉得很辛苦的事，我就更认真以对，并且去找朋友讲一讲、笑一笑。退休之后也是一样，一直挑战新东西、多学点，就会带来好事。一直这样下来，我在七十四岁的时候，开了第一场个人展览。"

这让我想起一句话，不是因为幸福而笑，是先笑了，所以使人幸福。莲子奶奶又补充了一句。

"我想，每一个瞬间都可能成为人生的最后，因为我们不知道人什么时候会死。所以每次按下快门时就想，这也许是我人生的最后一个画面。每当摄影的时候，当下拍的照片可能融入了我人生最后的感觉、想法与空间，我是这么认为的。"

226

"您看起来很健康，为什么一直提到死呢？"

"死是人生这部长篇作品的结局，因此不必刻意掩饰或负面看待。我为了最完美的结局，已经写好了遗嘱，也把家中不必要的东西都整理好，即使明天就离开人世也不会有问题。我在每一分钟的时间里都希望能尽全力，就像此刻，我也很投入与你的对话中，因为寿映你也许是我过世前最后一个见面的人。"

她认真的眼神似乎打动了我的心。人类为了延长寿命得花多少金钱呢？然而，在如此宝贵人生的每一刻，我们又有多充实的过着？

"您人生中，最让您得意的与最后悔的是什么？"

"我觉得结婚、组成家庭是让我最得意的。可是当孩子们还小的时候，因为工作太忙，无法尽力照顾孩子们，让我感到后悔。即使现在想对他们更好，但孩子也都长大，各自有各自的路，所以也很难这么做。"

俗话说，"说曹操，曹操就到"，莲子奶奶才刚说完，她的儿子就带着女朋友走进画廊了。年龄看起来三十几到四十出头的儿子，壮硕的体格、时髦的服装、真挚的眼神令人留下很深的印象。他向母亲介绍了女朋友。

"哎哟，第一次见到我儿子的女朋友 。这真是意义匪浅……"莲子奶奶感动地说着。

我问莲子奶奶的儿子，"您对母亲感到骄傲吧？"他回答说："当然了。能这样不受年龄限制的挑战各种东西，也让我得到启发。"听到这句话的莲子奶奶，眼角挂着泪。

我拜托莲子奶奶写下梦想，她边说："我的梦想好像都实现了啊……"边思考。我再次劝她写写看，想了好一阵子

我的梦想是，在此刻去做所有能想象到最好玩的事情

的莲子奶奶，像小朋友骄傲地向爸爸妈妈说话般，兴奋地写下："我的梦想是，在此刻去做所有能想象到最好玩的事情。所以，最近上过舞台剧、摄影，也开过展览了！"

"十年后您可能在哪里、做什么呢？"

"不晓得，也许待在家里或医院，再不然就化成风了吧？"

莲子奶奶淡淡地回答。视死亡与其他一切事物相同的她，接受死亡，把它当作如花开或日出的自然法则，不害怕也不刻意想回避。我想，莲子奶奶如此淡然的心，使她真正享受珍贵的每一刻。

若将每一天过得像最后一天，在回顾人生的时候不曾后悔，这该是多么有价值的人生！我也希望能过着即使明天化作轻风，也毫无遗憾的人生。

幸福教练的
一堂课
03

离开贝鲁特到了约旦，抵达阿曼还不到几小时，我就在一个住宅区开始寻找"幸福教练"赛飞利的家。找了好一阵子后，我被一座整理得很漂亮的院子中的花朵吸引，再对照一下地址，发现找对地方了。按下门铃后，不戴头巾、却穿着轻松的短袖衬衫与牛仔裤的赛飞利从屋里出现迎接我。我一见到她，就先问了一直想问的疑问。

"幸福教练是做什么的？"

"这是类似人生导师的概念，只不过我们是将焦点放在别人的幸福上，帮助不幸福的人恢复幸福。我们帮助他们找出不幸福的根源并且克服，教他们幸福的习惯与技巧，重新找回对未来的希望。"

从前心理学将焦点放在"帮助有问题的人变成正常人"，于是可以在精神疾病上做出分类，也在忧郁症与一些精神疾病治疗上呈现出效果，不过这类的心理学，在"帮助正常人变得更幸福"的议题上，似乎不太能发挥功效，也因此有些学者们开始往不同方向去探索。例如齐克森米哈里、乔治伊曼威能、马丁塞利格曼等学者，开始寻找心理学的新角色，而他们于20世纪90年代确立出领域，称为"正向心理学"，也就是"幸福的科学"。赛飞利从小就与别人不一样，随着年纪增大，她决定要成为人生导师。后来对正向心理学开始产生兴趣，转为专攻这门领域。除了一对一教练的方式，赛飞利也透过团体工作坊、读书会、电影社团等不同方式来帮助别人变得幸福。

"透过训练，人可以产生变化吗？"

"大部分人都会改变，但是关键在于心态。某些人对于自己的各种问题感到不满，表达这些不满是希望别人倾听他们说话，但自己却不努力脱离不幸福的生活。举例来说，若有人在过去伤害过我，最好的方法是原谅他，然而光知道这一点，却不努力做到原谅，那就只会继续活在伤痕与憎恨里。我明白这是不容易做到的，不过看着这些人实在让我感到可惜。"

在诸多读者发给我的电子邮件里，真的有不少人好似自己是全世界最不幸的人般的哭诉，我对他们的状况感到可惜，所以提供了真诚的建议，但他们接着又提出其他不幸福的事，没完没了地发牢骚，使得想要帮助的人也拖拉的没劲儿了。俗话说"天助自助者"，而这种人甚至让愿意提供帮助的人也想远离，结果就只有将自己推入不幸福的深渊。

"让我们感到不幸福的主要原因是什么？"

"幸福的科学里认为，使人感到幸福或不幸福的原因，其中百分之五十是遗传，百分之十是情境，剩下的百分之四十是源自个人的想法与行为。这里说的遗传是指，父母感受到幸福的程度将会影响孩子。遗传因素所占的比重相当高，它会塑造孩子的思考模式。不过，最近也有新的理论主张人类能控制自己的基因。无论如何，更重要的是这些因素中，有百分之四十能由自己来控制。"

"那么为了幸福，应该怎么改变这百分之四十呢？"

"每个人都有不同的幸福方程式，不过拥有更幸福的生活习惯是大家都一样的。"

我竖起耳朵，赶紧拿出纸笔来。

"健康是幸福的第一个条件。简单来说，要吃好、睡好、休息好，尤其是早睡早起非常重要；深夜入眠，然后睡到白天才起床，对身心没什么帮助。下一个重点是运动。每天运动至少二十分钟，会产生血清素与脑内啡从而感到幸福感，这在医学上是有根据的。将患有忧郁症的人分成三组，对第一组只提供了抗忧郁症药物，对第二组则在抗忧郁症药物的同时，也让他们运动，至于第三组只让他们运动。虽然六个月之后，这三组呈现的结果都有所改善，但是最后一组改善的幅度最大，而且再次感到忧郁的程度减轻得最多。"

以前有人问过我："人生中最幸福的是什么时候？"关于这点，我可以说出一大堆：进入延世大学的时候、在电视比赛节目里得冠军的时候、帮爸爸妈妈盖房子的时候、出版第一本书的时候，等等。然而，我最直接先想到的，是在危地马拉的某个码头上迎接新年、彻夜跳舞的时候。那天晚上完全没有喝酒，只喝着水，疯狂地跳了将近八个小时的舞，全然陶醉其中。

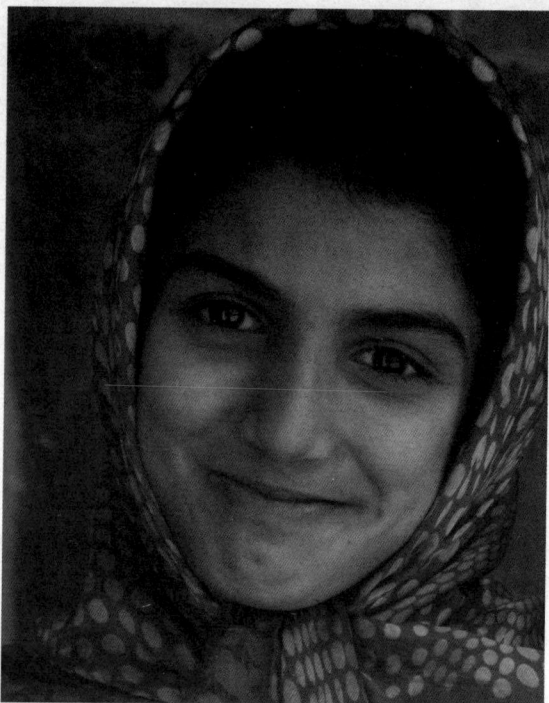

养成总是感恩的习惯，可以增加百分之二十五的幸福指数。

　　"另一个幸福的生活习惯是'感谢'。养成习惯，每天对从芝麻蒜皮的小事到大事都表达感谢，幸福指数可以增加大约百分之二十五。还有，为别人做些好事也很重要。无论是为身边认识的人或是陌生人，不是出于义务感，而是打心里甘愿为他们做点好事；若能每天做个五次以上，那真的可以保证一定会感到幸福的。特别是这种做法是个双赢的方法，当你为别人做好事，受惠的人会变得幸福，然后又将这份幸福传递下去。"

　　正向的态度也很重要。即使在九十九件事情上完美，不过很多人却习惯只盯着一个不完美的部分表达不满。这是由于当人类居住于洞穴时期，为了避开天灾、保护自己而产生的危机感知能力的缘故，因此，人会先注意并且专注于不好的东西是一种极自然的现象。然而，在现代社会、生命不受到特殊威胁的环境里，我们必须训练自己专注于正面的事情。"

很多人会将问题归咎于父母、学校与社会，我也一样。曾经无法接受自己身处的环境，无数次地彷徨、对这个世界抱怨，但越这样做，就越是让自己成为更不幸福的人而已，甚至让周围的人也跟着不幸福。然而，我们既然都是不完美的人，那么世界上哪有几个完美的家庭、完美的教育、完美的社会呢？特别是当我旅行到很多国家，看到了经历战争与贫穷的人们后，不禁开始感到有正常的四肢、家人健康地活着、可以自由地做自己想做的事，就是一种幸福。

若有不喜欢的事，就改变它，要是无法改变，就接受。这是否就是通往幸福的快捷方式呢？与其抱怨一切的不足之处，倒不如将不足的地方尽量补上。还有，重要的是要先改变自己再去改变周围的人，用这种方式一点一点改变世界。

赛飞利的"幸福训练"帮助我清楚厘清了以往很模糊的一些想法。虽然不是所有的人都能得到一场幸福课程训练，但是真正的幸福导师，会不会就是我们自己呢？

命运不眷顾我
也不悲伤，
我有信仰
04

"妈，你的梦想是什么？"

"就是希望孩子们都健健康康地过日子，其他没什么梦想。"

"哎呀，人家说的不是那种嘛！妈，你到底有没有真正的梦想啦？"

"要是趁我还活着的时候能去一趟朝圣之旅，大概就没有什么别的了！"

"我会让你梦想成真的。"

"真的？"

"真的！"我妈妈近二十年来一直很虔诚地以天主教为信仰，对她来说，朝圣是人生最向往的梦想。十年前有过这段对话之后，我一直把帮助妈妈达成梦想当作我自己的梦想之一，也记在我的梦想清单里。我要挑战的第三十七个梦想，是我在进行梦想全景图计划的同时，要挑战的十项梦想的第一个，正是要让我妈妈进行一趟朝圣之旅！

在戴高乐机场焦急地等了大约三十分钟，终于见到了爸爸妈妈的身影。爸爸一抵达就带着阳光般的微笑与我打招呼。

"哎呀，这儿是哪里啊，是法国吗？我们全家在这边见面，还真是难以置信……"

我带着爸妈，经过香榭丽舍大道往埃菲尔铁塔去了。到了半夜十二点，蓝色的灯光开始闪烁，让妈妈陶醉其中。并肩坐着观看埃菲尔铁塔的两人，犹如二十几岁的恋人般恩爱。

隔天，我们在巴黎圣母院度过了大部分的时间。当在教堂里祷告、点蜡烛的时候，妈妈看起来非常安静。而我爸爸一边参观圣母院的各个角落，一边感叹在1163年就已经盖了这种建筑物，嘴里说着：

"为了盖这个，到底用了多少奴隶呢……"

"奴隶"这一词，突然让我想起不久前，在爸爸生日的时候，与他曾有过的对话，让我感到非常心疼。

"爸，你的梦想是什么？"

"我巴不得别做这份工作。"

"没有工作很无聊的！"

"我过去的四十年都像奴隶一样工作，只要能结束这种生活，我就别无所求了。"

"奴隶？哪可以这样说自己啦？"

"怎么不是奴隶？每天照着别人的命令做事做到浑身酸痛……"

像"奴隶"一样工作的人，又岂是只有我爸爸而已呢。先不论金字塔或罗马竞技场，就说建筑这座圣母院大教堂的无数个劳动者，他们滴下的汗水与泪水早已干了，但所盖的建筑物这般地留存在世上，每年迎来数十万观光客。我的心莫名地揪了起来，一生盖了许多房子与大楼的爸爸，却连自己的房子都没有。

也因为这样，当我为父母盖房子的时候，最让爸爸感到高兴的，就是不必再听命于别人而工作。亲自设计、想工作的时候就做，甚至还能叫别人来做事。每天只要一到大清

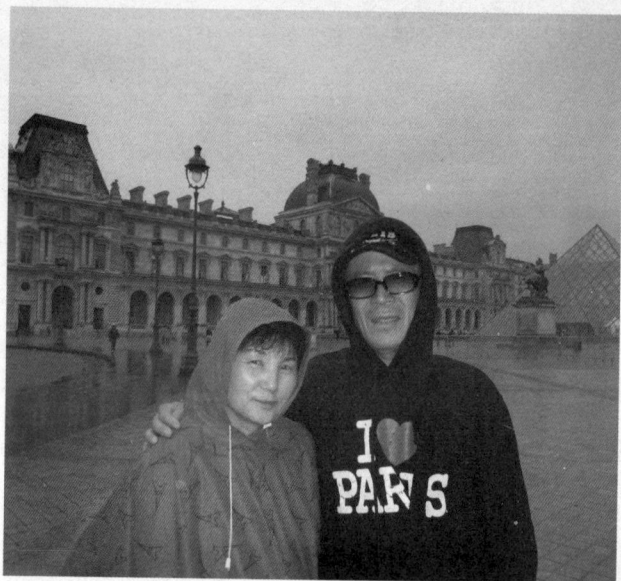

即使下雨也依旧乐不可支的爸爸妈妈，在卢浮宫博物馆前

早，我爸爸就不由得醒来，起床后，一边看着映着剩余星光的工地，一边喃喃自问："这真的是我的房子吗？我这辈子一路听着别人的命令、帮别人盖房子……这个真的是给我住的房子吗？"

从此以后，爸爸说他"相信奇迹会发生"，就连现在来到欧洲的这一刻，他也称之为奇迹。

隔天我们往波尔多出发去。本身虽然不是天主教徒，但是为了妈妈所以决定一起参与朝圣之旅的爸爸，我为了他安排葡萄酒庄之旅。

一进波尔多地区，周遭四围都变成了葡萄园。虽然之前喝过的葡萄酒也有几百瓶，但是在这里是带着赞叹的同时，学到梅多克、赤霞珠，与马尔贝克等等不同种类的葡萄，以及在葡萄汁放入糖与酵母就变成葡萄酒。我爸爸则是对于地下的储藏库与巨大的酒槽惊叹不已。

据说，光是在波尔多就有八千座这种葡萄酒庄，而在梅多克地区也有一千座葡萄酒庄。为了给爸爸妈妈特别的体验，我订下由葡萄酒庄改造的酒店。这应该是我在往后一年旅程中最昂贵的一晚。

中世纪城堡建筑的酒店四周开满芳香的花，在高耸的树木间有喷泉涌上来，游泳池也是华丽闪烁的。品位高雅的走廊上，陈列着这家葡萄酒庄所生产的葡萄酒，而且一打开窗户就是葡萄园，所以只要走到酒店大门外，就可以摘下葡萄来吃。当我访问品酒师与葡萄园农夫他们的梦想的时候，我爸爸在葡萄酒庄相当兴奋地散步。随后，我们到附近的餐厅喝杯梅多克葡萄酒，爸爸开始谈起他年轻时开建设公司的故事。

"寿映你上幼儿园的那个时候，公司生意还挺好的呢。住在光州，开轿车，每个月去餐厅吃一次烤肉，每逢周末就到郊外旅行，当时像这样的人能有几个呢？不过，转眼间生意就变差了，某部分的资金一开始周转不了，问题就越滚越大。最后我想没办法了，只好拿我们住的公寓钥匙和房契向朋友借钱，之后我爬上现在是罗州水坝的那个地方。那天的雨啊……下得真大呢……很壮观。我原本打算喝完一瓶烧酒就跳下去的……不过，在河面似乎见到你们的脸，叫我不能跳下去。那一天没有死，活了下来，才有了现在的生活吧。"

爸爸的泪水在眼眶里打转，我什么话也说不出来。在我对贫穷与爸爸的蓝色工作服感到丢脸的岁月里，为了儿女们只能选择活下去的爸爸，想必是很辛苦的。

我想着："爸爸，谢谢你活下来。感谢你一直忍过来了。"离开波尔多，经过圣母显灵地路德、美丽的普罗旺斯、尼斯与摩纳哥，现在到了踏进意大利境内的时间了。在法国开车时，因为在直通的高速公路上开车会打瞌睡，所以把音乐开得很大声，而且每两小时喝一杯咖啡。不过，在一跨越意大利边境后，就开始是马戏团特技表演了，这是比初学驾驶还要令人紧张、惊悚的三小时。窗外的风景极美，但是对开车的人而言，路况简直让人要抓狂。为什么马路要弄成不断弯来弯去，而以飞也似的速度蛇行的驾驶员们，更让我觉得难怪意大利人在开车方面恶名昭彰。尤其在这么危险的马路上，疾驶如光速般、威胁其他车子的跑车，我不得不破口大骂："你们这群坏蛋！"

参观过威尼斯的隔天，我们经过了号称世界上最小的国家之一的圣马力诺，接着往以圣方济各圣殿闻名的亚西西出发。然而，像是要让我们回想起进入意大利的第一天似的，不断蜿蜒的山路又出现了。每隔一百米过弯的时候，只要遇到卡车或客运就让人心惊胆战，开了又开还是看不到山路的尽头，而沙石路上竟连一个路标都没有，我们甚至怀疑起是不是迷路了。

我不断地想："这是正确的方向吗？""若在过弯的路上遇到卡车该怎么办？是不是要开得偏外侧一点？可是旁边就是悬崖耶……"

我精神错乱得很严重，其中一次在收费站暂时停车的时候，因为不小心让收据被风吹走，为了抓住它，我赶忙开车门去抓，结果车子自动滑行了。若是爸爸没有及时将排档切成停车档，可能会发生重大事故。原本很期待要在欧洲开车的爸爸，后来说有点害怕，连驾驶座都不想靠近，所以最后由我一个人，从巴黎到罗马开了十天、三千三百千米的车。

可能是因为在危险的路况下长时间的驾驶，导致我压力过大，所以动不动就发起脾气。坐在驾驶座旁的爸爸小心翼翼地问："是不是要往左边开呢？"我就大声咆哮："好啦，往那边开就是了啦！"甚至嫌坐在后座的妈妈吃饼干的声音很刺耳，叫她安静一点。

压力当然不只是从开车而来。每天都得计划要去哪里，一直照顾爸妈，

爸爸本身虽然不是天主教徒，但是为了妈妈，所以决定一起参与朝圣之旅；我为他安排了葡萄酒庄之旅，在这里只要走到酒店大门外，就可以摘下葡萄来吃

又身兼导游与驾驶，使我变得很神经质。而且，为了省一点饭店的住宿费，从普罗旺斯开始就是三个人挤一间房间，二十四小时与父母黏在一起，让我情绪过度紧绷。由于十多年来一向是一人自由的生活，所以从没想过照顾别人是这么辛苦的事情。

亚西西也是位在山顶上，我们把车开车穿过橄榄树茂密的森林，虽然平安抵达，却找不到停车位，于是只得把车开到长长的斜坡道上。我对这种路根本也不熟，又非常焦虑，老是担心车子会向后一路倒滑下去。

"这样停车是不是不行啊……"

"拜托你什么话都不要说！"听到妈妈紧紧张张地说出顾虑后，我不由得大声咆哮了。当望弥撒的时候，妈妈有很长一段时间往外看着翁布利亚广阔的天空。我到底是怎么了呢……夸口说要孝敬父母，请他们飞到这么远的地方，自己却在车上一直发神经……假如我驾驶经验丰富，或熟知这个地区，应该没什么问题，可是我也是第一次走这种路程，而在意大利开车又让我极为不安，所以对他们更是感到亏欠。

或许，爸妈的人生是不是也曾像在山路上开车？不知道前面的转弯处会有什么令人不安的人生……每当工作了几个月后，只要一受伤就又要负债，永远无法预料仅仅是面前一寸的生活，带着纳闷与不安，所以无法再保持着耐心。或许就是如此，爸爸以前才那么常大声咆哮，又为了忘记今日的痛苦与愧疚而喝酒……，忍受着这一切的妈妈和被伤害的心灵，对她而言，唯一能有的支柱应该就是信仰。

在教堂的前面，有为明天的演唱会正忙着进行的彩排活动，那安抚我难过心情的清亮歌声在广阔的天空中回响。放弃所有财产、献身于爱邻舍的圣方济各的生命，依然活在亚西西。相较于眷顾这块土地的圣方济各圣殿，我是个多么渺小又傲慢自私的人呢！

返回罗马的路上，在车里妈妈问我："我可不可以吃点饼干？"霎时间，我突然无法控制地流泪。妈妈竟然得看我的脸色。一辈子看公婆脸色、看先生脸色与看儿女们脸色的妈妈，我对她做了什么事啊。

当车开了一阵子之后，辽阔平原上出现了彩虹，是我长到现在从没看过的巨大的彩虹，不止一道，是并着的两道彩虹，简直像是连接地上与天上的桥梁一样。

圣母显灵地路德。据说这里的泉水有医治的能力，因此许多身有
病痛的人来访。我妈妈在这里浸过水之后，笑着说疼痛的膝盖似
乎变好了些

"哦，上帝啊。我祷告请您让我看见彩虹，就这样显出
两道彩虹了……"

妈妈开始掉泪，而我则在心里默默地告解，这也许是天
父饶恕我的回答吧，唯有这样我才能释放乌云般沉重的心
情。虽然大家都默默不语，然而彩虹就这样伴着我们足足超
过半小时。

妈妈有许多日子是哭着度过的，在妈妈盼望的梦想——朝圣之旅
中，我看到了妈妈最宁静的表情　拍摄于巴黎圣母院

"教宗！金·马里亚从丽水来了！您在哪里？请让我看见您的脸！"

我们一到罗马就直接前往梵蒂冈，但是很可惜，教宗都没有现身。在圣
彼得大教堂里垂泪祷告了好一阵子的妈妈，带着幸福的微笑说，心里已经舒
坦了。

虽然罗马很闷热，但看着罗马各地古迹的爸爸总是惊叹不已。在到处都
有喷泉、画家与街头艺人的纳沃纳广场，我们喜乐地度过最后一天晚上。最

后来到一所教堂时，我送给妈妈一串玫瑰香念珠。该是爸爸妈妈要回国的日子了。完成机场手续后，看着坐在轮椅上、由义工推进安检区域的妈妈，我流泪了。当我离家出走的时候，带着我的身份资格证片到木浦、顺天、光阳等地方派出所四处找我的妈妈；我在文具店偷东西被抓到时，替我跪着向店主求饶的妈妈；当我咆哮吼着"我也想上大学！"用力甩门、打破镜子时，无助地看着我的妈妈；现在全身都是病、因为不断哭泣，脸上满是皱纹的妈妈。我的妈妈……

　　送爸妈搭机之后，当我整理行李时，发现了一个没看过的小袋子。用粉红色绸布做的袋子里，有十字架像、圣母显灵圣牌、念珠，还有一瓶圣水。我画着十字圣号为爸爸妈妈祷告。

Chapter 06

他山之石
很多生活是你
想象不到的

你准备好要过
真正的人生吗

01

在中国台湾认识的学生们

搭上从台北出发的高铁，过了两个小时后，到了中国台湾第二大城市高雄。虽然因为亚热带气候，这里格外闷热，但从空气开始就与台北不同的此地，四处看得到绿地与椰子树，让人心情大好。听到我要到中国台湾一趟，我的朋友王娜说："我所认识的人当中，有一位曾给过我很多灵感，我希望你们能有机会认识。"王娜为我介绍了田临斌，我正是为了找他而到这里来的。

听说，田临斌是王娜以前的上司，因此我想象着会遇到一个严肃的人，但是田临斌穿着短裤与凉鞋，用很轻松的打扮来迎接我，我们走进了一家冰淇淋店聊天。曾经在外商公司的中国分部当总裁的他，在四十五岁时退休，至今已经六年了。

我心想，"四十五岁就退休了？那每天到底在做些什么呢？"

他大概是读到了浮现在我脸上的问号，于是笑着说：

"我之所以说'退休'，是为了让别人比较容易懂，所以才这么说的。现在的我正过着自己真正想过的人生，目前的生活可比以前上班的时候还要忙碌呢。到现在我写了两本书，并四处去演讲，一年里有三到四个月在旅行。除此之外，每天阅读、运动、看电影，时间根本不够我用。我也在准备街头艺人资格证考试，因为我想试试到街头表演。"

田临斌这么一说，我好像也想起在Facebook上曾看过他抱着吉他的照片。

"有什么原因让你决定那么早退休呢？"

"我在同一家公司工作了二十二年，很想挑战新东西。另外，因为在大陆待了很久，所以也想回到台湾。当时我不断地思考自己真正想要的到底是什么，得到的领悟是，当下倘若我不下决定，同样的问题就会一直想个十五年，直到届临六十岁退休的那一天。于是，我打算休息一段时间而辞职了。之后因为对这种生活太满足，所以也不想重回职场。我挑战新的东西也写在博客上，幸好这些很受欢迎，因此也变成书而出版了。"

"那么你现在靠版税和演讲费来生活吗？"

"写文章和四处去演讲不是为了赚钱，是我自己喜欢而去做的。现在我靠着退休前存下的钱和利息生活。"

"所以是指要有足够的财力才能过这种生活，是吗？"

"我不是个大赚一笔后就吃喝玩乐的资产家。这只不过是我花了二十二年存下的钱，能带给我们夫妻所需的生活费而已。我们并不贪图钱财，只过着简朴的生活。在台北土生土长的我之所以搬来高雄生活，也是因为这里的房价比较便宜的关系。与一切的事情相较之下，没有比身心健康更重要的，唯有身心健康才能做自己想做的事，光是有钱未必能达到这点。幸好我太太很能理解我这种想法，因此能为新的生活条件做调整。"

"不过，一年里有三四个月在国外旅行，难道不需要很多花费吗？"

"并不是这样。因为时间很充裕，所以可以提前几个月先买到最便宜的旅行商品。再不然，就做背包旅行，尽可能住在旅社、乘坐公共交通工具。这样一来，旅行中的花费反倒比在台湾的生活费还要低。"

"曾经任职外商分公司总裁的人，在现在的年纪才开始背包旅行吗？"

"是的。我以前上班的时候，几乎每个星期都得出差，也都住在五星级饭店、去最高级的餐厅。不过因为总是带着业绩压力，即使吃到什么好东西，心里从没有余暇享受那些。现在我用自己的双脚去旅行，探索这世界上的许多乐趣。此外，以前因为没办法常常陪太太，内心感到愧疚之余，只能常买名牌包包给她。现在虽然没有那么多钱，不过可能因为我们一起共度许多时光，所以夫妻关系也变得很好。"

"以前当总裁的时候，生活过得应该很富裕吧。现在不会感到有什么不便吗？"

"其实刚开始的时候的确会有一点。但你知道世界上最大的富有是什么吗？就是自由。只要有自由，还需要什么呢？没有必须参加的会议，要怎么变换行程也无所谓；不用事先预约，只要找个适当的地方就可以住宿；用不着顾虑旁人眼光，可以在路边吃东西；有什么事情出差错也不必打电话给秘书，自己就可以解决。这一切都让我的心变得很轻松。"

真的是这样。我刚开始进行这个计划时，尚未脱离"上班族模式"，于是抱怨连连地住在三星级饭店。之后为了预算考虑，开始往青年旅舍、旅馆或沙发冲浪网站的方向寻找，起初觉得很不方便，不过不久后也就适应了。上班出差时，曾经抱怨酒店高级早餐的我，现在吃到旅社提供的烤面包与咖啡早餐时，内心也感到幸福。

"不过，我觉得很多人无法做自己想做的事情的原因在于恐惧。大家会担心着：我做这件事万一失败怎么办？我休息一年后回来的时候，如果找不到好工作要怎么办……因为这些忧虑，所以干脆也不想再想了，就直接埋在心里。"

其实，这也是我最常听到的疑问之一。事实上，若曾跌到人生的谷底，便不会再恐惧失败，因为你已经知道人生像股市一样，会重新往上爬起。而且，总要经历几次触到谷底才能反弹得更高吧？因此当我刚到英国的头几个月时，因为没钱而觉得日子很辛苦，但不也是很快就稳定下来了！若是想象一下人生最好的结果与最坏的结果，你可以发现，所谓"最坏的结果"是死亡或因事故而残障，并不是损失金钱或时间。钱可以再赚，已经被浪费掉的时间更是可以用认真生活来弥补。

"人无法自由的另一个原因是家人。若是有得抚养的家人，尤其是孩子，就会因为钱的问题而更辛苦。"

"对。大部分的人认为无法退休或不能做自己想做的事情，最大的原因就在于钱。而有孩子的话，也会随着孩子人数，需要更多财力，这都没错。但除了这些之外，到底还需要多少？付费上昂贵的补习班？学别人找钢琴家教？如果每一样都要跟着别人做，那么应该会有无止境的花费。不过，何不试试看给孩子自由，这应该不需要花那么多钱。"

我想起了二十几岁的大学时代，有位积极得不得了的大学学长。他的成绩好到大学四年一路领奖学金，语言能力出众。毕业后进入大企业上班，每天虽然工作十五个小时，但清晨还先去上了GMAT补习班；之后，花掉全部财产到美国名校拿到工商管理硕士的他，在年薪超级高的投资银行上班。但是学长告诉我，他根本不幸福；终日拼命工作，压力大到掉头发，每天凌晨才返家的他，看到熟睡的孩子们，就不解自己到底为了什么而工作。尽管也想过辞职，但是一考虑到孩子的补习费，以及自己当年为了读硕士而花掉的钱，就办不到。我学长告诉我，年轻的时候，起码还怀着美好未来的希望，所以一路忍了过来，但如今却觉得自己只是个赚钱的机器。我真希望今天换成是学长来到这儿认识田临斌。

中午在附近的餐厅街吃午餐，我们选了分量大却价格低廉的套餐，各自结账。田临斌说过着简朴生活，并不是说说而已。我开始思考起金钱带来的矛盾，很多人认为想要自由就必须先要有很多钱，而为了这些财力，得压抑着自己去做不想做的事。然而，等钱赚够了之后，也没时间去做自己想做的事了。

"为了退休，需要多少钱？"

"不能说有什么定好的标准金额，而是该思考自己需要多少。每个人都有不同的生活方式，所以这是可以由自己来估算的。然而，我认为至少需要

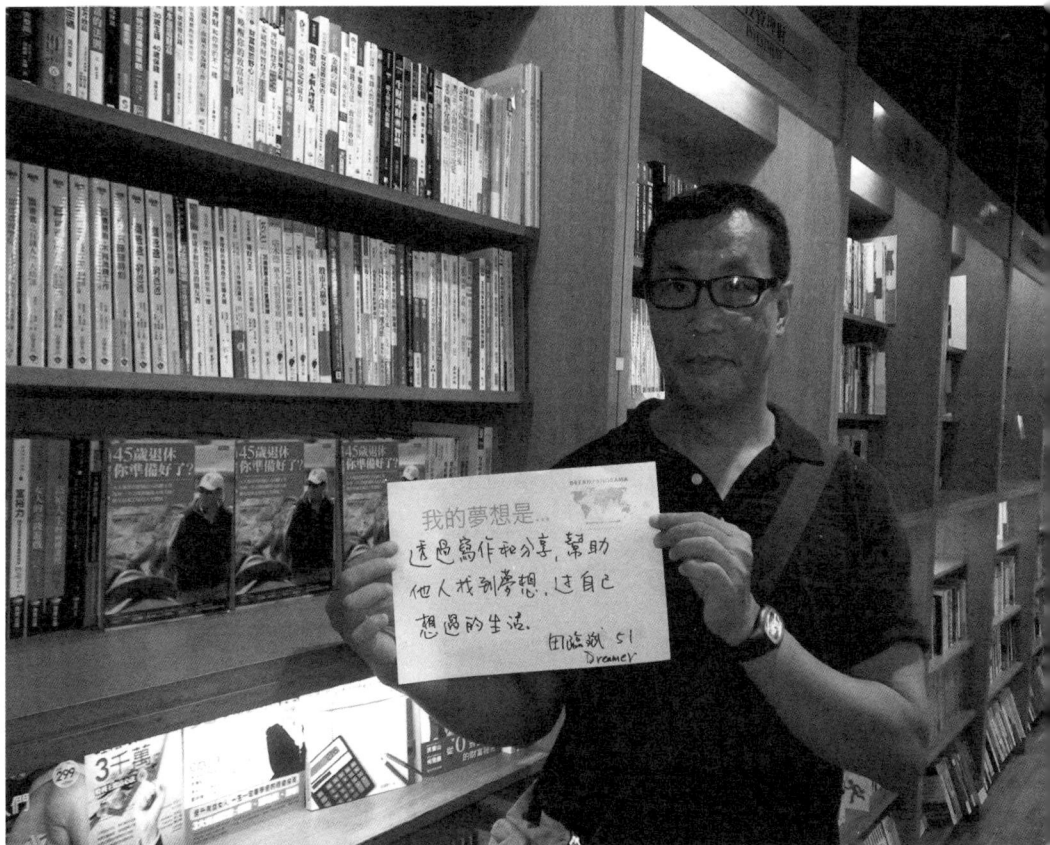

我的夢想是……
透過寫作和分享，幫助
他人找到夢想，過自己
想過的生活。
田臨斌 51
Dreamer

通过写作和分享，帮助他人找到梦想，过自己想过的生活

满足三项条件：必须有健康保险，一旦生病的时候不用担心；再来，起码要有自己能住的一栋房子，没有收入的时候，房租会是笔很大的负担；最后，是不可以有债务。先满足了这些基本条件后，如果能以利息成为自己的生活所需，这是最理想的。根据我个人的经验，我会建议他人要累计的本金数量，是要能以其百分之六的年利率来生活的。"

"一下子要准备大笔金额很不容易，达到这个目标也需要相当长的时间，这该怎么办呢？即使有想做的事情，还是只能压抑着先赚钱吗？"

"如果目前没有资产可以退休，有件很重要的事情，就是先充实现今的生活，再慢慢尝试改变，好能越来越接近自己想要的人生。再不然，花上大概一年的时间休息，尝试平时想做的事或想挑战的新东西也好。这一年的时间应该足够你找得到答案。"七年前，写下七十三个梦想后离开韩国时，我就相信唯有这般果断坚决的行动，才能在世界的舞台上成就我的梦想。然而，就在我递出辞呈后的几个月至几年之间，曾在高盛的同事们纷纷到了香港、纽约、伦敦等分公司去，而且都是得到公司提供的公寓、机票、加薪等福利。当时我在荷兰皇家壳牌集团上班，虽然有点气馁，不过心里却不着急，慢慢一个一个地实现了上舞台剧表演、学西班牙语、帮父母买房子等大小不同的梦想。总之，关键并不在于是否上班或有没有钱，而是你愿不愿意挑战。

"临斌先生，你的梦想是什么？"

"通过写文章和分享我的想法，好帮助更多人找到自己的梦想，和过着自己期待的人生。所以，往后我想持续写文章、分享、旅行。"

与田临斌的对谈，也帮助我整理了很多想法。他在梦想纸板上写下自己的工作是"梦想家"，我很高兴能认识这么谈得来的梦想家。我希望这个世界上有更多梦想家，更多人为了自己过真正的人生，不是为了别人而活。

三百头骆驼的求婚

02

　　今天是离开约旦往以色列出发的日子。可能是因为大清早的，只有我一个人来到这儿在出境场所晃来晃去，一位留着胡子、人看起来不错的出入境处员工，很亲切地走过来告诉我要八点才能开始出境。我到小小的福利社买了杯咖啡与饼干，简单地当成早餐，而这位留着胡子的大叔再度走过来，用不流利的英语一直想和我聊天。

　　你来自哪个国家、为什么要去以色列、会再回来约旦吗、结婚了没，等等，真是个充满好奇心的大叔。无论在哪个国家都一样，找不到比出入境处员工更严肃的人了，不过这位大叔甚至是满脸笑意，让我觉得真特别。这位叔叔的梦想是什么呢？那一刻我的好奇心发动了，决定来问问他的梦想。

　　胡子大叔的名字叫穆罕默德，他三十二岁，实际年龄比外表看起来要年轻，正认真地用阿拉伯文写着自己的梦想。我问他写了什么，可是因为他不太会讲英语，所以请旁边另一位先生过来帮忙翻译。

　　"我的梦想是……与像你这样的人结婚，到一个岛屿去，在那里以打猎来过生活。这么一来，应该就不再需要钱这种东西了。"

哎呀！他是说想要跟我结婚吗？果然，在他滑头的微笑底下是藏着心机的！

我忽然想起以前在意大利旅行的事。当时我向一名警察问路，而这位警察居然一边以浓厚的意大利口音对我说："小姐，亲我一下吧，我会告诉你路怎么走的！"一边将自己的脸颊凑过来！不光是警察这样，不时来骚扰的意大利男生们，比白酱意大利面还要滑头一百倍。然而，当我去了埃及后才发现，他们可比意大利人更厉害；埃及男生们的嘴巴里大概是装了整罐蜜糖。曾经有一次我在走路的时候，从背后传来了这些话：

"我像是沙漠等待雨水般的在等待着你！"

"你父亲肯定是个小偷吧。因为他把天上的星星偷偷摘下来，放在你眼里了。"

"我想投入你那绿洲般的眼睛里。"这些还算是没那么恶心的。我曾经也被一位爷爷追过。

"小姐，看看这儿，我们聊聊吧。"

"我现在很忙，我得去找朋友。"

"你不用再找了，我的名字就叫'朋友'，没想到你就是来找我的啊。"我对这位老爷爷不加理会，认真走自己的路，但突然又有一位男生喊我，让我停下来。

"小姐！在你旁边有东西掉了！"

"什么？我没有掉什么啊！"

"哦，是我的心掉在你身边了！"

"……（全身鸡皮疙瘩掉满地）"穆罕默德大叔认真思考了好一阵子，在纸上写满一堆东西，接着像是下重大决定似的开口了。

"三百头骆驼行吗？"

"咦？"

"为了谈成这桩婚事啊。"哎哟，人家以前在埃及遇到的，是为了跟我结婚而愿意拿出八千头骆驼的爷爷呢，这样看来，三百头骆驼会不会太小气了点？要是有八千头骆驼，足够可以建立一个骆驼王国了。可是三百头骆驼……就算想挤骆驼奶拿去超市卖也不够吧。

"啊，只有三百头吗？最起码要给我五百头才行吧！"

"嗯……因为我已经有两个太太，所以只剩下三百头骆驼而已了。"

难道他是在暗示我，要以三姨太身份嫁进他家吗？这样还只愿意出三百头骆驼？

对于我的沉默，穆罕默德大叔心里着急了起来，开始恳求我。

"请寿映小姐打通电话给父亲，好好地跟他谈谈以三百头骆驼达成协议吧。"

我看看他的表情，好像不是在闹着玩的。一旁帮忙翻译的先生也说这算是很大方的条件。若把这些当作真话，实在很荒唐，但他们认真的表情又教人无法视之为玩笑。于是，我装出一副因为数字太少而不高兴的脸，没有更多筹码可用的穆罕默德大叔，表情变得很失望。

来瞧瞧这趟旅行里还有过哪些这般纯情派的人士。我在乌兹别克斯坦的塔什干住的饭店里，餐厅有一位男服务员，每当我去找桌位吃早餐时，几乎是每十秒钟过来一次，询问我是否需要服务；明明看到我在喝咖啡，就来问我要不要咖啡；当我吃水果时，又过来问要不要帮我拿水果。这样一直来"骚扰"我，害我根本不能好好吃早餐。

我想娶一位漂亮的妇
女，过幸福的生活

　　这么说来，我的心在不经意之间好像被好几个人动摇过呢。我带着歉意
告诉穆罕默德大叔我会考虑考虑，他把自己的电话号码抄给我，请我务必要
再与他联络。巴士驶离国境的那个瞬间，穆罕默德大叔仍一直望着这头不断
地挥手。

一个星期的
爱情

03

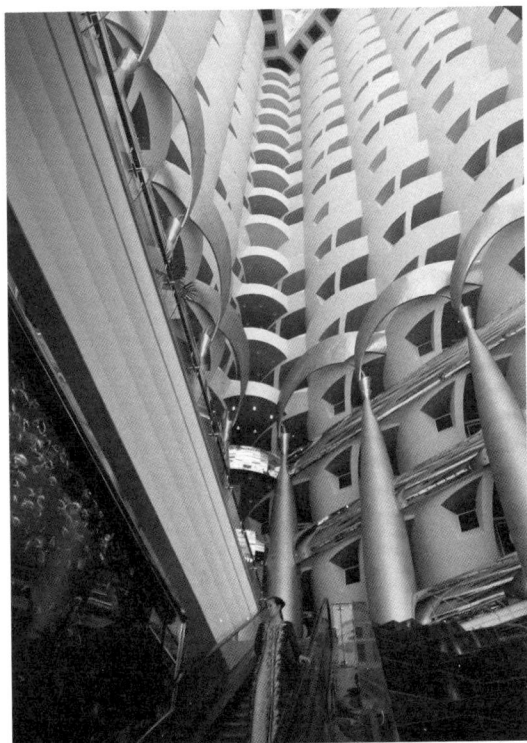

迪拜有名的帆船酒店

他的名字叫作陶。一米九的身高、黑色头发、看起来稍微下垂和有着绿色瞳孔的善良眼神。出生于法国南端阿尔卑斯山，现年二十七岁的他，原本帮法国葡萄酒庄在中国上海卖葡萄酒，辞职之后目前正环游世界当中。由于他的护照已经被去过的国家盖满了签章，为了申请新的护照而在迪拜停留三个星期。他说刚刚才拿到新护照，打算后天往阿曼出发。

"啊，真的吗？我也是为了申请伊朗签证，要在迪拜待三个星期左右。不过，老是借住朋友家很不好意思，恰巧也想去阿曼待个几天。你想一起去吗？"

我不知道为什么与才刚认识的人说这种话，但这真的是不知不觉说出来的。他看起来不像是坏人，此外，我想与其自己一个人去人生地不熟的阿曼，还不如两个人同行比较好。他说要先与住在阿曼的朋友联系一下，于是我们交换了电子邮件。当晚，他发来电子邮件，问我要不要在星期六往马斯喀特出发。

我原本就计划要在迪拜制作广告影片，这么一来，刚好可以和在当地找到的摄影导演排定工作行程，因此我回复陶得到下星期一才能出发。他在回信中，竟然说："过去一年的旅行里，我从未为了别人改变过行程，不过这次我愿意等到下个星期一。"

要让他等两天让我感到不好意思，于是请他一起到迪拜有名的帆船酒店用餐。以身为背包客加上到处借住友人家的情况来说，将近六百元的餐费让我很有压力，但是既然都来到迪拜了，可不想错过这一生一次的机会。

我们先搜寻了该酒店里哪家餐厅最便宜，然后才订位。接着，像是要进行重要任务般，仔细地规划要在哪儿见面、走哪条动线活动。因为陶的背包在伊朗被偷走了，所以我们先到附近的购物城，为没有皮鞋的他买了约一百二十元的皮鞋后，在出租车上换穿，人模人样地"登上"帆船酒店。

在吃到饱的亚洲餐厅里，我们一边假装着优雅，实际上却像乡巴佬似的吃到肚皮快爆炸。大吃一顿后，我们又搭上往购物城的出租车，陶在车上换掉了皮鞋，之后办理退货、把钱拿了回来。吃了六百多块的午餐后，为了抠抠省省一百二十块，把穿过的鞋子退货，我们忍不住大笑了起来。

在意大利浓缩咖啡下肚，让快满到喉咙的食物消化消化后，陶开始很轻松地说起了自己的故事。陶的母亲是位体育老师，受到她的影响，陶打橄榄球打到二十岁。之后成为演员在舞台上表演，大学时念的是观光科系，曾到北京当交换学生学习中文。虽然是个法国人，不过在二十五岁前，从没碰过葡萄酒，却在到了上海后，几乎天天得喝葡萄酒……

"你说你不懂葡萄酒，那要怎么促销？"

"我当过舞台剧演员嘛！在大家面前说这瓶葡萄酒是用我爷爷亲自种的葡萄来酿造的，大家都会相信。而且因为我是法国人，长得又满斯文的，所以无数次地被邀请去一堆有的没的促销活动里。有外国人到场的话，活动看起来真的很有味道，我就靠这种方式和那里的人建立关系做业绩。刚开始的时候不懂事，很喜欢到处参加派对，不过每天那样喝酒来卖自己，终于让我受不了了。所以一签成几个货柜的订单，我就辞职了。"

差不多也就在那个时候，陶的母亲因癌症去世。于是他拿着分得的遗产开始环游世界。从上海开始，经过东南亚、尼泊尔、印度、巴基斯坦、伊朗到了迪拜，如此过了十个多月。他说已经很久都是独自过着，很久没有与一个人说这么多话了。

"我在上海的时候，认识了大我十二岁、年纪三十九岁的中国女朋友。在银行当高官的她，或许是个望着成功而过活的人，所以一旦进入爱情也要完全掌握。就像完成工作一样，她在爱情中想掌控我的一切，于是我像是她的玩具般被牵着鼻子走……"

"你那个时候一定很难过的吧。"

"对职业感到空虚、母亲的过世……经过这些事情，让我开始纳闷，这个世界上什么是真理、我存在意义为何，等等。所以，我花了很长的时间观察自己，一段自问自答的时间。我故意避开观光地区，而去到战争地区或贫穷地区，亲眼看看别人生活的样子，让我产生很多思考。我好像从来没有像这样，对着才认识不久的人讲自己所有的故事。"

隔天清晨，我们一起搭上往马斯喀特的客运。只要看到小朋友便无法自制的我，一路忙着与皮肤黑黑、头发鬈鬈、才三岁的可爱小朋友们一起玩，但陶不知为什么表情一直有点凝重。

"你有什么事吗？"

"……昨晚我完全没法入眠。"

"怎么了呢？"他在好一阵子的叹气之后，好不容易开口了。

"现在我这样说，你也许会觉得我是个神经病，不过，我好像爱上你了。昨天回去的地铁上，我感觉心脏像是快爆炸，一整晚都无法静下来。过去的一年里，我只专注在旅行上，完全没有对任何人表示过好感，可是不知道怎么会有了这种感觉，我也觉得很困惑。而且，接下来我将往西边出发，而你是往东边继续前进，所以我整个晚上都一直在想到底要怎么办。要是不说出来，我的心脏好像快要烧焦了，就请你谅解吧。"

真正感到困惑的人是我。怎么可能只花半天就爱上一个人呢？若说我对他完全没有好感，当然就不会提议一起旅行，不过既然一起来到马斯喀特，却变成这种关系，还真令人尴尬。

"哎……请你先深呼吸，减轻一下心里的压力。我也不至于不喜欢你，所以我们就先一起旅行，然后再慢慢思考吧。"

我哄一哄他，他就像不小心把糖果掉到地上的孩子般，轻轻地点点头。

在客运上遇到可爱的
阿曼小朋友们

　　我们到了位于姆斯卡特、陶的朋友家时就发现，他朋友的妹妹、妹妹的
阿曼男朋友，以及朋友的家人全都在等我们抵达。多亏了他们盛情款待，那
几天我们过得很轻松。慕斯卡特并没有称得上是观光景点的地方，在白天又
很热，于是我们大部分都待在家里做菜、聊天度过时间。陶告诉我，他的梦
想是透彻了解生命的本质后改变世界，这让我笑了起来。的确，我对他产生
更多好感了，但这么短的时间实在不足以让我产生爱情。

　　他提议一起到沙漠旅行一个星期，然而我还是决定要回到迪拜去。

　　"在沙漠旅行之后我会去黎巴嫩，你可以来黎巴嫩找我吗？我们不能这
样什么都不是的结束嘛！你不能为了我挪出人生的一星期吗？"

　　"让我在迪拜想一想，你先完成沙漠旅程之后再说吧。"他拜托了我好
几次，希望考虑一下他的建议，但我在回迪拜的客运上，一边看着他，一边
不断地想着，"这样不行，这是不可以的"；又过了几天，我拿到伊朗签证
后，便开始努力忘记他，直接订好去伊朗的机票。此时，从沙漠观光回来的
陶，立刻打电话来。

"你怎么可以这样？我带着能再看到你的希望，每天等待沙漠行程快点结束。而你却连一句什么都没对我说，只在Facebook写着你要去伊朗了。"

透过Skype传来他的声音，听起来简直是哭喊。

"对不起。无论我怎么想，还是觉得这种关系没有意义。毕竟我们是往相反方向前进的嘛！"

"所以我才说，请你抽出人生的一星期，只要一个星期。即使在这一周之后，我们变得一辈子讨厌对方，但也是在一起共处之后的判断才是啊。你说我们就这样结束？不行，我不能这样。我去迪拜找你，我们见面再谈，好不好？"

"你别傻了，我们就到此为止，好吗？"

"我现在马上去迪拜，如果你不愿意见面，我也没办法……但要是就这样结束，我会后悔一辈子、一直埋怨自己的。你知道从慕斯卡特来的巴士会停在哪里吧？巴士会在九点抵达，请你在那儿等我。万一你真的不想跟我见面，我也没辙了……可是现在我一定要乘车过去，拜托你在那里等我。"

陶匆匆地挂掉电话。一整天里，每分钟我的心情都是七上八下的。当我采访一位罗马尼亚小姐的梦想的时候，与住在迪拜的空中服务员、也是我的粉丝读者一起喝茶的时候，与朋友们一起去看世界第一高展望台的时候，我整个脑袋里只挂着一个忧虑：到底要不要去和他见面……

疯子、神经病、偏执狂……虽然我这样子骂着，但自己的脑袋却忘不了他，我的心一直怦怦跳。最后，我放弃参加派对，朝着巴士站出发。我想和他见面，想好好跟他说该放弃了。然而，当客运抵达，当我看到他一见着我便露出的阳光笑脸，就没办法说出那句话。

"果然……我就知道你会等我，因为我在来的一路上，始终没有放弃过希望。"

他已经哭了。当我们拥抱了好一阵子，我也不知不觉地开始流泪。

这就是爱吗？就是心里怦怦跳、一整天都想念着他？也许，我在无意间曾拒绝了爱；在加勒比海三十米深处，脱下氧气面罩一起亲吻的阿班；在尼罗河一起坐着小帆船，数着天上星星的奥玛。但回到现实，与他们再相逢时却又让我多么失望呢？只成为美丽的记忆是不是更好……当称之为爱的幻想破灭时，连美丽的记忆都随之破碎，于是我不断努力想保留好的记忆，不曾想过将一段关系发展成为现实；难道，我在不经意间锁上的心门，被陶解开了吗？

在出租车里，陶紧紧抓住我的手，因无法压抑、涌出的情绪哭了好一阵子。

"我好担心会不会永远见不到你了，感谢老天你来了。我……真的……爱你……"

出租车行驶在札耶德路上，透过车窗，我看到了曾经一起用餐的帆船酒店。往后，每当我听到这家酒店的名字，都会想到陶吧……

隔天在迪拜机场里，我们拥抱了一阵子后相互道别。在登机手续台的员工看着计算机问我："去伊朗之后，你要往哪里去？"我不知不觉地回答："黎巴嫩，贝鲁特。"

"根据伊朗的入境规定，你要先出示往贝鲁特的飞机票，才能登上往席哈的飞机。"

我当场拿出笔记本电脑，订了从德黑兰到贝鲁特的单程飞机票。我原本计划要去尼泊尔的，由于这个行程的变动，得麻烦好几个人了。但我暂且抛开这一切的担忧，在十分钟后，马上向登机手续台的员工出示了往贝鲁特的机票。我终于登机了。

. . .

　　两个星期之后。这里是黎巴嫩贝鲁特机场，带着忐忑不安表情等着我的陶，一看到我，脸上就瞬间明朗了起来。我也是心情为之一亮。

　　"我都已经计划好我们在一起的时候要做些什么、要怎么样观光。我们也要去现在正在喝的这杯葡萄酒的酒庄。你有想成为葡萄酒专家的梦想，对吧？到那个时候我全都会教你的。"

　　然而，事实与他充满的期待截然不同。我因为之前在伊朗累积的疲累，头两天什么都没办法做，到了第三天，又陆续安排了媒体采访行程，也不能按照陶的计划去观光。不止一两次，陶连续四次跟着我参加电台、电视节目与报社的访问，他的表情看起来越来越不满。就在我与一位男性记者的访谈结束后，他的耐心终于到了极限。

　　"我到底是什么？是你的宠物吗？当你在工作的时候，我只能待在某个角落等待吗？"

　　"过去几天里突然变得这么忙，我也觉得很抱歉。不过，对我而言，这是比观光还重要的计划。更何况，我接受访问的时候，也是你主动要跟着来的，不是我硬带着你的啊。"

　　"你不是为了看我才到黎巴嫩的吗？因为属于我们安排的时间不多，所以更要时时刻刻都在一起，可是刚刚我看到你带着充满爱意的眼神看着那个记者，让我怀疑你是不是真的爱我。你从来都没有带着那种爱情的眼神来看着我！"

　　"这是什么意思？不是因为我对他别有好感，而是因为他年纪小小却很有梦想及热忱，才让我很欣赏他的。你别拿这种不像话的理由来嫉妒，行吗？"

　　他甚至对我随身携带、在上面花很多时间的笔记本电脑都感到嫉妒，表达挫折感。执着、嫉妒、依赖……这些是我无法见容于生命里的词汇。透过

黎巴嫩贝鲁特的风景

窗户看到的红色日落极为美丽，我无法忍受这种消耗生命的吵架，浪费珍贵的时间。陶很无力地开口了：

"从我第一次认识你的那个瞬间起，过去一个月当中，我在头脑里无数次地做着计划：我们一起到中东度过三个星期，然后你来非洲找我，我也会去韩国找你。接下来，我连明年下半年一起前往巴西的计划都已经想好了。可是，从第一阶段就这样零零落落的，我想我无法接受。因为爱对我而言是全部的关系……"之前所认识的一位人生导师告诉我，人类的欲望既复杂又多样，因此男女关系只能满足欲望的百分之二十或三十而已；然而，依赖性很高的人，希望借着男女关系得到百分百的满足，若非如此便要感到失望。陶是不是拿着"爱"的名义，在要求我百分百满足他的人生与灵魂呢？我感到窒息。

"在我的人生里有很多想要成就的梦想。爱是其中之一，但不是全部。我们就到此为止吧，好吗？既然不能看见未来，那么一起共度三个星期也没有意义。我想自己一个人待着，也想找回心里的宁静。甚至，我不介意你可能骂我是个坏女人。"

"你说我们就这样结束？怎……怎么……可以这样？怎么能像丢掉鞋子一样处理我们的关系？我不能再度坠落下去。对你而言，我的存在到底是什么？"

"对不起……，但我不再爱你，我又能怎样？"

"在迪拜你说过，一看到我，你的心脏就怦怦跳，不是吗？爱怎么可以变？"

我保持沉默，而他开始哭了。原本艳红的天色渐渐开始转暗，天空染上了一片漆黑。当星星开始一颗一颗闪烁的时候，他慢慢地拾起了行李，消失在黑暗里。

我像是丢了孩子的妈妈似的，有好一会儿呆呆地伫立在黑暗里。帆船酒店、马斯喀特、迪拜机场……在我的脑中，与他一起的时光如倒带般的扫过，那些误以为是爱而共度的时间……也许，对于以往独自走过很多日子的我们而言，与其说爱过对方，不如说是爱上"爱"本身。只是我也明白了一件事，可以分别独立过得幸福的两个人，透过爱结合后，才能更幸福。爱，并不是借由另一个人而得到的幸福。

"请你抽出人生的一星期，只要一个星期。即使在这一周之后，我们变得一辈子讨厌对方……"正如他所言，我们一起过了一个星期，而我也就这么让他过去了。

很多生活是
你想象不到的
04

让陶离开了之后，我像是精神失常似的过了二十四小时。

"干脆在迪拜，不不，在马斯喀特依依不舍地分手，起码还有个美好的回忆。唉，不对不对，还好是这样不留任何眷恋的结束。"各种想法在我心里反反复复出现。然而，让我感到空虚的，不是两个人已经结束的关系，也不是失去了当初以为是爱情的某种东西，而是对于这趟旅行最终的目的产生了怀疑。

隔日，我带着沉重的身体与一家黎巴嫩网络报社记者见面受访。原本是为了与陶见面才绕远路来到黎巴嫩，因此，当在记者面前谈论黎巴嫩的历史如何如何、滔滔说着想采访黎巴嫩人的梦想时，让我觉得自己很虚伪。

在接受访问中，我说着梦想与幸福等甜蜜的词汇，却在受访之后，吞下一杯苦苦的意大利浓缩咖啡，以安抚空虚的心灵。我故意不理会自己沉重的心情，打算走路回酒店，于是从哈姆拉市区往酒店所在的拉乌舍方向缓缓前进，不过我迷路了。就在我边看着智能型手机上的地图边找方向的时候，有三个男生出现说着："嘿"，但我完全不想搭理他们，所以继续走自己的路。大约五分钟后，有人靠近我身边开口了。

"你要去哪儿？晚上一个女生独自在外面走路很危险哦。"

"没关系。"

"我不是什么坏人。我叫汤尼，毕业于本地的美国大学贝鲁特分校，现在是一名工程师。女孩子一个人在外面走路很危险，我载你到你要去的地方。那一台就是我的车子。"

"没关系，路又不远。"他不停地说着有的没的，我觉得一直这样不行。

"我想自己一个人走走，拜托你离开好吗。"

"那么……可以让我看一下你手机上的地图吗？我想知道这里是哪条路。"

我没多想什么，直接将手机递给他。他拿着假装东按西按一下，然后就突然转身拔腿跑掉，另外两个男生很可能是跟随在附近，因此也在更前面的地方逃跑。刹那间，我的心咯噔了一下。

"我这是……被抢了吗？"出于本能的，我边跑边大喊，"抓贼呀！抓贼呀！"

可是，在奔跑了两百米的路上，连半个人影也没有，和偷手机的人之间的距离也越来越远，到了交叉路口，有一些人群的时候，小偷改往右边方向跑了。我喘着气，靠近一位骑摩托车的人，向他拜托："请帮我追那些人，他们是扒手！"但摩托车骑士只是一脸愣着发呆，完全搞不清楚情况。有个开车的人过来问是不是有什么事，我告诉了他来龙去脉，但他也只是歪歪头，什么都没有做。我放弃想得到帮助的念头，往扒手逃跑的方向再继续追，但是已经太迟，根本看不到他们的踪影了。

我带着虚脱的心情回到刚刚经过的交叉路口时，原本发呆的人们这时才主动过来问我发生了什么事。在贝鲁特，遇到扒手不算是常见的事，因此连当地人也不知所措。

　　我说："有一个男生一直想和我搭讪，另外有两个男生在后面跟着，然后那个搭讪的男生抢走了我的东西，与另外那两个一起逃跑了。"

　　"那他们抢了什么东西？"

　　"我的智能手机。"

　　"啊，智能手机吗？这哪算是什么不得了的事呀！我还以为是什么包包或贵重物品被抢了。这下倒好，最近新的iPhone上市了，你买台那个不就行了！"

　　"什么？"难道，对于刚遭到抢劫的人可以说这种话吗？没有丝毫同情与安慰，只听到这种荒唐的反应，我整个心脏乱跳。在尽力镇静下来后，我开始找警察局。平时街上到处都看得见警察，但在需要的时候偏偏连一个也找不到。没有手机无法打电话，而我唯一知道的地方是穆罕默德的家，所以去了他家。敲敲门，幸好他在家里。

　　"寿映，这么晚了，有什么事吗？"

　　"我被抢劫了……可不可以跟我一起去趟警察局？"

　　吃惊的他，向正在家里玩的朋友们取得谅解之后，与我一起去了警察局。

　　已经十五年没有进到警察局了，就警察局里的样子而言，韩国与黎巴嫩差不多。水泥墙上脱落斑驳的油漆，在四四方方的房间里对坐着警察与嫌犯，边进行侦讯、边做笔录。在另一个角落，有几个警察围坐，吃着外送的肉卷与腌渍小黄瓜，踩扁喝完的可乐罐。其他警察们好像对我这个外国人感到好奇，纷纷看着我，询问同事我是哪里人。我们等了三十分钟后，被带到连个窗户都没有的小房间里。

　　负责的警察透过穆罕默德的翻译，花了长达三小时完成

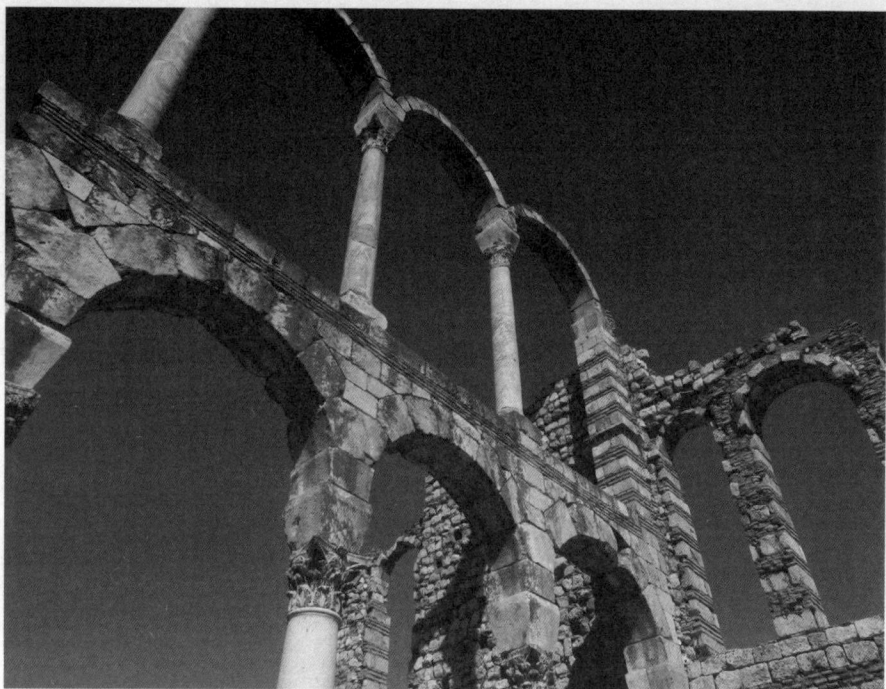

显示黎巴嫩华丽过往的遗址

笔录。不是用电脑、也不是打字机，他居然以手写的方式，在纸上以弯弯曲曲的阿拉伯文字，写了将近三页分量的记录。

"那个扒手说他名字叫汤尼，当工程师。"

"你信他的话？"这位警察扑哧笑出来。

"犯罪现场附近有没有像是银行这类的大楼？如果有监视器，应该有助于看出来嫌犯的脸……"

"嗯，有一个角落上有两家银行，我记得好像是经过那里后，那个人就开始来跟我说话。不过，在被抢之前，我有经过一家叫'甜蜜梦乡'的酒店，那里很明亮，也许会有监视器。"

"我第一次听说有这家酒店，你确定吗？"我的记忆还是不清楚。做完三个小时马拉松式的笔录后，已经是清晨了，此时我才感觉到饿。我赶着吃了一个肉卷，接着再到犯罪现场去，不过实在弄不清到底是哪条路，真令人疑惑。走了好一阵子，终于找到甜蜜梦乡酒店，也看到了安装在酒店前方的监视器。我与叫什么汤尼的人先一起经过，过几秒钟后另外两个人也出现，接下来，那两个人开始逃跑，接着汤尼也开始跑，我疯狂地追着他们。再度见到当时状况的画面，使我的心脏又开始乱跳。在取得酒店的同意后，将录像带交给了警察局。

存着有关陶的事情，还有我所有朋友的联络方式与重要信息的手机被抢，害我连续好几天发呆地过着。穆罕默德看到这样状态的我，就推荐了几个旅行行程。因此当我将剩下最后一个受访活动延期之后，便开始四处游走了。

我拥有某些人迫切希望却求之不得的东西，因此，我得把这趟梦想之旅持续走下去，要向更多人询问梦想、分享予他人。我在黎巴嫩停留的时间虽然很短，但却经历了很多事，有很深的感受。当我离开贝鲁特机场时，从心底深处呐喊感谢神。

继承爷爷
梦想的女孩

05

　　现在是该前往中国的时间了！我计划在中国旅行一个月，然而在查找数据时，发现若不会中文，应该很难在当地沟通，所以我决定要在北京学中文。由于一切出于仓促，来不及参加大学开设的语言学校，何况我停留的时间也不够长，于是我选择了位于东直门的私立补习班，每天密集上课四小时。学习新的外语是件令人兴奋却又疲累的事，因此我每天上完课一回到家，就倒在沙发上了。

　　除此之外，啊，中文的发音真让人困惑呀！连基于生存所需，必学的"吃"与"去"这两个字的发音都很难辨别出来。有好一阵子，我总是将"我是作家"念得像"我是饺子"，听的人完全搞不清楚我想说什么。

　　我也常常把韩语、日语与中文搞混，尤其是数字一、二、三。这三个数字在日语里的发音是"ichi、ni、san"，而中文里"一"的发音与韩语"二（i）"的发音一样；常常我在说"二"的时候，会误用日语的"二（ni）"来发音，中国人会反问我是不是要说"你"。还有，日语的"每天"发音是"mai nichi"，因此我总是把中文念成"买天"这种发音，不断被老师纠正。连毫不相关的西班牙语也来莫名其妙地插上一脚！我想说"我"的时候，老是一直念出西班牙语"yo"。真的很想问问自己的脑袋，你是不是容量不够，所以害我把各种语言统统搅和在一起？

　　每当面对店员或售票窗口的员工时，虽然我鼓起勇气试着想用中文表

272

达，但是没人听得懂我说的话，让我很气馁。另一个问题是，除了老师以外没有可以一起练习的人；很会说英语的那些朋友们，没耐性听我说不顺溜的中文，但我也无法用中文与其他的中国人沟通。因此，我在号称是中国Twitter的微博上开了账号，借着这种方法跟随中国国内知名人士练习中文读写。

开始学中文的第二周，家里日常饮用的桶装水都喝完了。之前我曾经问过老师，打电话叫送水时要怎么说，也练习了好几次，于是我以兴奋的心情拨了电话。

"你好。这里是民安街十六号，我需要水。"

"你的客户号码是几号？"

"二四四二三四。"

"@#$%@#$%@#$%？没这种号码。"

"你说什么？咦……我听不懂。我这里是民安街十六号。"

"所以我就说@#$%@#$%@#$%！"

"啊……我听不懂。这里是民安街十六号……"

"@#$%@#$%@#$%！"对方生着气把电话给挂了。这真教我感到一阵木然，差点想掉眼泪，亏我还特别练习过了……像这样根本沟通不了，感觉自己像个无法独立的小婴儿。在这么干燥的北京，如果不能叫人送桶装水过来，难不成要每天买几公升的水自己扛回来吗？语言说不通，吃苦的就是身体！

这时，电话再度响起。被铃响吓到的我接起了电话。

"民安街十六号，你好。"

"……Hello？"从话筒另一端突然传来的英语让我紧

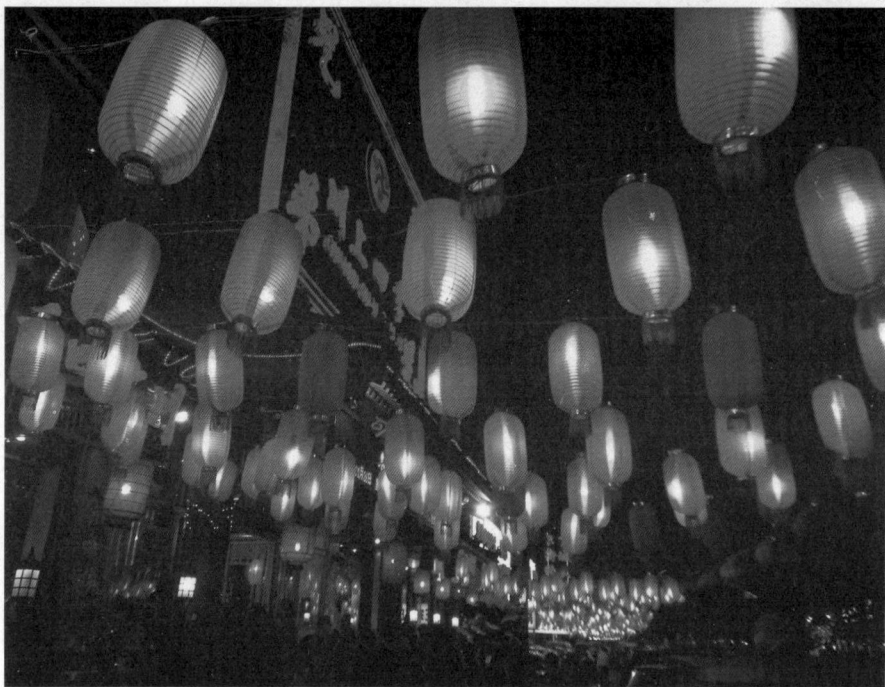

为了完成在中国访问中国人的梦想，我每天学四个小时的中文

张起来。

"是哪位？"

"您好。我是一家网络新闻《四月媒体》的记者茹碧。我的朝鲜族朋友告诉我您的微博，听说您是来自韩国的作家，是吗？"

"啊，是的。我是来自韩国的饺子，啊，不是不是，是作家，金寿映。"

"据闻在中国，您的书也即将要出版了，对吗？我想访问您，不知道您方不方便？"

"嗯……我的中文还不太流利，可不可以一两个月后再访问呢？"

"访问时说英文就行了。我不知道两个月之后会是什么情形，所以希望能尽早访问，没问题吧？"

她用流利的英语安慰着垂头丧气的我，所以我也只得回答"Yes"。

原本以为是个小小的网络新闻公司，轻松地过去聊聊天就行，不过一到了他们的办公室便大感惊讶。高个子、身材苗条的茹碧出来迎接我，在我们一起进去的摄影棚里，已经架好了三台摄影机，我就这么糊里糊涂地接受访问。由于茹碧很有技巧地引导我，所以没什么太大的问题，但是大概是我太紧张的关系，访谈中，脸上拼命地冒汗。

我怎么也想将学过的中文派上用场，所以在来之前，练习过用中文说"千里之行始于足下"与"修身、齐家、治国、平天下"，但是一到了摄影机前面马上就紧张起来，"修身、齐家、治国、平天下"这句根本被我忘个精光，而想要说"千里之行始于足下"时，才讲到"始"就接不下去，幸好茹碧立刻给我提示，才能顺利说完这句话。

访问结束后，茹碧握着我的手说：

"谈到梦想，虽然我从小就想成为媒体工作者，但是我父母非常反对。尤其我父亲对写文章这件事很敏感，我为了成就梦想，心里郁闷了很久。因此我对你的故事颇有同感。"

我发现她的眼眶红了。

"我外公曾经是言论媒体工作者，是位相当博学多闻的人。我小时候常常阅读外公所写的报道文章或书籍，看着这些也让我想成为像外公一样的媒体工作者。"

"不过，当初父母为什么反对你的梦想呢？"

透过微博认识的朝
鲜族与韩国留学生
朋友们

　　"自从我被发现在数学方面有突出的表现时，我父母就为我规划了工程师或科学家的人生。所以从小学到高中，我一直被强迫参加全国性数学比赛，也总是获得奖项。但对我而言，根本毫无选择余地。"

　　"不过，能得奖应该就表示你的数学能力真的很好吧？"

　　"我其实很喜欢答题，而且也曾因此有过快感。可是，当时的我不想把玩数字当成一生的工作。"

　　在以七百五十分为满分的高考上，茹碧拿到六百八十七分而进了清华大学核工系，也算是中国优秀的人才了。在我身边的人们，我也看过不少听从父母想法、乖乖念书，最后却彷徨于不知自己的人生究竟该如何的瞎聪明蛋。因此，我很好奇茹碧是怎么克服这些困难的。

　　"那么你如何面对父母反对的意见？"

　　"为了不用向父母拿钱，我一进大学就开始兼各种家教和打工。还有，为了证明我可以成为言论媒体工作者，我让他们看我所写的文章，尤其是我以真诚所写的有关外公的文章，这让他们很感动，也慢慢开始接受我的梦想。此外，我申请到英国政府奖学金，靠自己的能力去留学。虽然我的父母还是希望我照着他们的想法过人生，但我就是没办法放弃我的梦想。"

听完茹碧的话，我想到了满满收在我收件箱的几百封电子邮件。有希望成为艺人，但爸爸妈妈不允许的小学学生；被父母要求读医学院而倍感压力的重考生；想去美国留学但父母断然说没钱，因此哭泣的大学生……家人都希望我们能够幸福，他们所希望的幸福大多是稳定持续的幸福，然而，我们往往被别人没走过的路、有风险的那种路给吸引。梦想是大胆的，这种大胆使我们雀跃与兴奋；很可惜的是，以不安之心看待这些雀跃与兴奋的，通常正是与我们最亲近的人。

可是，请你想一想。无论儿女说什么，总是能够百分百支持的父母到底有几人？达成梦想的人群中，又有多少人得先克服父母的反对呢？只因为父母的反对，所以叛逆、走歪路，或自认无法克服困难所以放弃，很多人不就在这两条下坡路中做了抉择吗？但是最有智慧的方法，也许正是像茹碧一样，以耐心与热忱来证明自己的可能性并且说服父母。倘若连反对自己梦想的父母都无法说服，又岂能拿自己的梦想来说服世界？

"已经达成梦想的你，感到幸福吗？"

"言语无法形容的幸福。"她的脸上洋溢着得到自己想要的东西的人才会有的幸福微笑。

"那么茹碧现在的梦想是什么？"

"第一个，虽然这可能有点好笑，不过我想养只哈士奇。下一个是成为优秀的媒体人。"

"为什么是哈士奇？"

"我很喜欢狗，但是因为无法定居于一个地方，所以一直做不了决定。这是个要正式看待的养育责任，所以如果要

我的梦想是成为媒体人、养一只哈士奇狗、出版撰写我们家历史的书

养就得养好。"

"优秀媒体人的梦想是什么意思？你不就已经是媒体人了。"

"要成为媒体人不一定很困难，但是要成为优秀的媒体人并不容易。虽然所谓'优秀'的标准很难界定。"

"你有当作榜样的人吗？"

"有。就是随军记者间丘露薇，她是报道伊拉克战争的第一位中国人。我在十七岁的时候读了她的书，深受感动。身为一个女性，应该受到不少家庭与社会带来的压力，她的勇气与毅力真令人佩服；但是与任何人相较之下，我最好的榜样是我外公。一路走来的过程里，每当感到辛苦时我就想想外公，尤其是外公的信念和克服苦难的意志力……我从小听着外公的故事长大，想着某一天我要替外公实现他的梦想，有一天，我要写本有关我外公的书。"

"十年后，你觉得自己会在做什么？"

"那个时候依然还是个媒体人吧？可能也是个写专栏、教新闻学或文化学的教授。还有，我旁边一定会有一只哈士奇。"

哇，茹碧的未来会多么有魅力！我仿佛可以想象早晨有哈士奇相伴、看着刊载自己文章专栏的刊物，下午到清华大学讲课的茹碧。

完成访谈后回到家里，接到了桶装饮用水公司打来的电话。他们说我念的客户号码错了，并告诉了我正确的号码，接着又问几点送桶装水过来比较方便。没什么大不了的这件小事，竟让我莫名感动起来，差点又要掉泪，因为我想到"我可以不必再跑来跑去扛沉重的桶装水了，对吧？"

在北京停留了一个月，将近尾声的时候，我的中文能力进步到在售票窗口已不再紧张发抖，也可以鼓起勇气访问别人的梦想。虽然对方回答的内容我只听得懂一半，而且我中文的四声还是念不好，不足的词汇量也常常将访谈导到意料之外的方向。但是，最起码我可以问问题了，因此我将大家的回答用摄影机拍下来，晚点再看就行。总之，我的中文能力有了大大的进步，之后当我到中国台湾看舞台剧时，还听懂了大概百分之二十五的内容呢。（不过，不知道是不是因为那出舞台剧的台词里，有很多句是"你爱我吗？"的关系？）

　　不久后，茹碧转职到一家英文报社当记者。很神奇的，正如她曾说过："不知道两个月之后会是什么情形"，若当时没有马上接受访问，或许就没有机会认识她了。过着人人羡慕的稳定生活，从事自己期待的工作并从中享受幸福的茹碧，我想象十年后能用中文访问已成为优秀媒体人的她。

一年前的
约定

06

打开机场出租车的窗户，随着风飘来新鲜的海洋味，我
闭上眼、用皮肤感受着初夏阳光的温暖。济州岛，我隔了一
年后又来了。一年前，我与济州大学梦想挑战队的二十五个
人一起分享梦想，同时每个人也订下了为达成梦想，在这一
年间要做到的目标。我们决定了一年后大家在同样的地方见
面，分享成果。我为了履行当初的承诺来到了这里。

一踏进国际教育学院，就见到写着"你回来了！一直很
想你！"迎接我的广告牌，这一定是任职于济州大学基础教
育学院的洪孝京老师的杰作。果然，老师工作坊里，四处贴
着一年前梦想工作坊的照片。学生们一个一个抵达现场，久
违的大家忙着打招呼，场地里也播放着去年梦想工作坊的纪
录片。

我向学生们提出"快闪演说"，在短短十五秒钟之内，
把自己的印象刻在对方的心里，因此出现了各种具有创意的
自我介绍。介绍自己为"野马"的学生，跳上桌子用力踩着
说："我要带着像这大腿一样强壮的热忱向着梦想奔跑"；
还有"拥有美丽声音的海豚哲学家""紫色胖熊也能
飞""全世界最小的芥菜籽会成为最大的树""我是充满爱

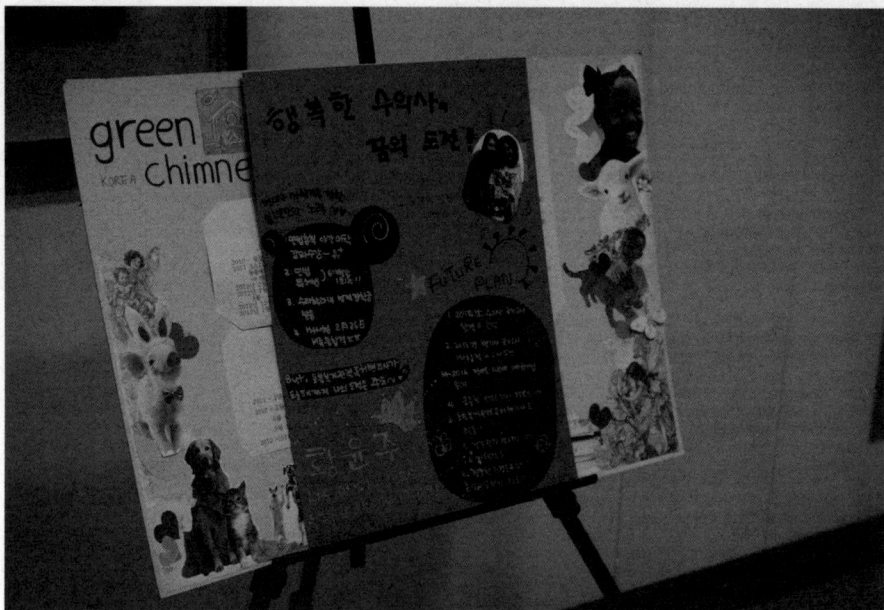

在2011年与济州大学的梦想挑战队的二十五个人相互承诺；一年后，我为了与他们分享成果再度来到济州岛。这是学生们用自己的梦想装饰的纸板

心的女孩""充满好奇心的我，大家都叫我'呀呼！'"，等等。

虽然以轻松的气氛开始，但是当被要求写下自己的梦想时，学生们的表情却开始严肃起来，然后每个人带着紧张的表情，站在录像机前面承诺自己在一年内要达到的目标。

"五千米、十千米、半程马拉松、全程马拉松，我要把这全部都跑完，明年我会抱回四面奖牌的！"

"就像古朝鲜传说的熊吃了大蒜变成女人一样，我这个紫色胖熊会努力多喝水，将身材变苗条，穿着迷你裙回来！"

"我会带着我的托业考试成绩单回来！"

"一年后，我将会为别人写书，并且把这本书送给金寿映小姐。请大家来找我签名。"

"我会减掉三十五千克的！"活动结束之前，我们互相在T恤上为彼此写下鼓励的话语。

有很多学生因为感动而落泪。那天仅仅三个小时的梦想工作坊活动，能够如此特别的原因在于大家一起分享了梦想、大家相互承诺一年后的目标，并给予彼此鼓励。

现在到了听听这一年成果的时间。笑容很美的慧仁走到大家面前：

"大家好，我是哲学系四年级的朴慧仁，我的梦想是当空姐，现在正准备参加招考。为了这个我一直在做准备，就是我去年说过的，想变成体重五十千克的肌肉型身材。不过在减肥过程中，反而遇到反弹现象，变成五十五千克。于是，我开始练习瑜伽，之后甚至拿到了瑜伽教练资格证。还有，我做过四百五十个小时的义工，当我在海外当义工的时候，同行的济州电视台制作人提议说要不要试试当播报员，原本心想'我哪来的胆子……'但马上又想起去年在这个工作坊里，寿映姐说我像是个播报员，因此便鼓起了勇气。现在我继续在做播报员的工作，之后我的梦想仍然是成为空姐、看看广阔的世界。但长期来说，我想成为医治他人内心伤痛的人，所以我打算进修心理学课程。"

轮到哲雄上台了。他拿出的纸板上，贴着显示过去一年里，他身材变化的照片。

"我的梦想是成为CEO，当CEO得先有勤勉的基本素养。因此，我建立的象征性目标是'降低百分之十三的体内脂肪'。虽然有点不好意思，不过，我让你们看一下成果。

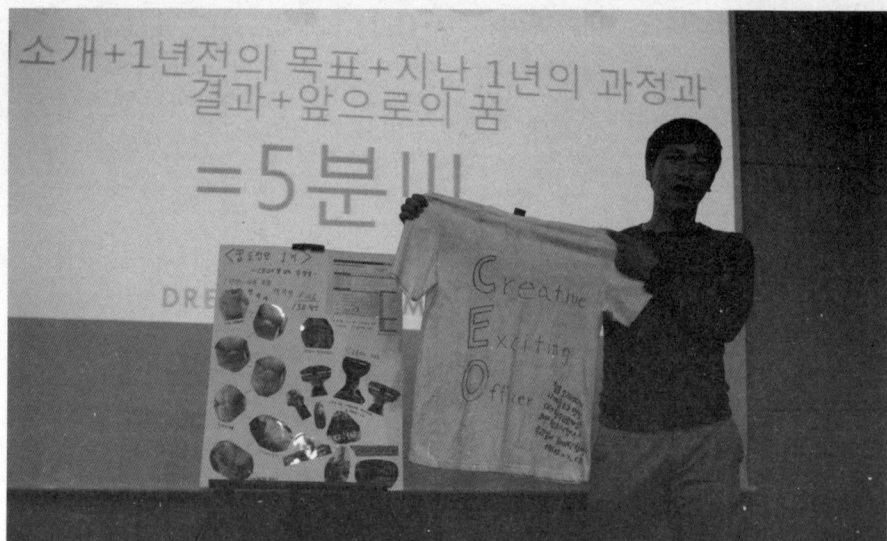

梦想成为CEO的哲雄，在过去一年里建立的目标为降低百分之十三的体内脂肪

这就是……"

哲雄脱下T恤露出六块腹肌，大伙儿欢呼起来了。

"这个过程里有过很多困难。认真运动了好一阵子之后，一段时间因为休假、喝酒、暴饮暴食等原因，又胖了回去，心情也跌到谷底。"

哲雄从包包里慢慢拿出来一个东西。

"这是鸡胸肉和燕麦。从两三个月前我开始控制我的进食，只吃这些而已。此外，我更认真运动，骑自行车、爬过汉拿山也练过格斗。为了在今天露出这个身材，从昨天晚上开始连一口水都没喝；演讲结束之后，我想马上做的事就是喝水。在过去的一年里，我听过别人说我很狠、很有毅力，这带也让我学习到很多。我真的很想成为有名望的CEO。"

忽然间，似乎在耳边听见熟悉的声音。

"登上顶峰绝对不容易，但这终究就是意志力的问题。若你决定要登上就能登上，觉得无法登上就无法登上。我们都会登上山顶，而且大家会一起拍完团体照才下山。"这个声音是……在乞力马札罗山带领我们的导游队长安提帕斯。在只能看见他白色牙齿的漆黑夜晚里，我们下定决心，所有人一致表示一定要登上顶峰，没有谁会被淘汰。成为远征队长的我，为了鼓励队员与分享力量而与大家——拥抱。

在去年自我介绍时说"呀呼！"的相均，带着三面奖牌与用心制作的纸板来到大家面前：

"我当时的目标是跑完全程马拉松。我第一个挑战的十公里马拉松不算太累，但几个月后我跑半马的时候真的很辛苦，甚至开始怀疑自己真的能跑完全程马拉松吗？三月时，我参加了济州国际和平马拉松的全程赛，跑到半程之后因为很痛苦，就走一段、跑一段的重复着，当时真的很想放弃。"

呼吸都觉得困难了。为了御寒，上半身穿了两层卫衣、刷毛上衣、羽绒外套加滑雪外套，下半身又穿了两条秋裤、外裤、滑雪裤，是不是因为穿太多了呢？在黑暗里，互相扶着攀岩的第一个小时，我几次脱、穿衣服，导致队伍耽误时间，而攀岩后走上石山时，又因为发困而数度倒在地上。此外，苦于过去几天一直无法上厕所的苏，开始嚷着肚子痛。因为我们两个人一直耽误队伍的时间，于是导游们决定将队伍分成三组：理查德带领四个男生领先、安提帕斯带着苏、

在乞力马札罗山，
我们全队严肃地下
定决心，大家一起
登上顶峰

班森带着我上去。大家分开行动前，麦可安杰立轻声地说着："领导者是履
行承诺的人，我们一定要在山顶见面"；杰米将自己的能量果胶分给每个
人；东尼则边给巧克力边拥抱说加油。看着前面先出发的他们，我想到从这
里开始真的得和自己对抗了，然而极度严重的睡意，让我每隔一分钟倒下去
一次。后来才知道这是很严重的高山症状，听说登山者可能像睡着般
死亡。

　　"当我犹豫到底要不要放弃的时候，就想到你们了。"相均拿出去年参
加梦想工作坊时所穿的T恤。

　　"因为我穿着这件T恤，这里有包括寿映姐在内的很多人为我写下的鼓
励。于是我决定不放弃，虽然最后是四个小时又三十分钟不佳的成绩，但我
终于跑完了。这不是我个人辛苦的挑战，而是你们大家给我鼓励的结果。因
此在结束的那一刻，心里充满了感谢。我感到能一起挑战真是美好。"

　　他当时有多辛苦呢？听到他说因为那件T恤而没有放弃，让我好感动。

因为严重的高山症而倒下去。但是有了朋友们的鼓励，就能再度
站起来

　　"拜托你，再走一百步！"班森请求着我。我似梦非梦
地走了一百步，然后在第一百零一步的时候，在路上倒下
去，这样重复了几十次。班森呐喊着："在这边睡觉你会死
掉的！现在是零下二十度！"但我的头脑一片空白，连寒气
也感觉不到。因为高山症导致连续二十四个小时不能吃、不
能睡；背包里的水冻成了冰喝不了；头上戴的灯也开始闹脾
气，最后干脆坏掉，于是我们只得行走在黑暗里。不过，我
没空想"放弃"这两个字，因为我们承诺过要在山顶上一起
拍团体照。不知道究竟过了几个小时，不知不觉东边破晓
了，在我后面没有任何人，有些登上山顶的人们陆续开始下
山。班森背起我的背包，叫我抓住他的背包走路。
　　"登上乞力马扎罗山不就是你的梦想嘛！现在是往你的

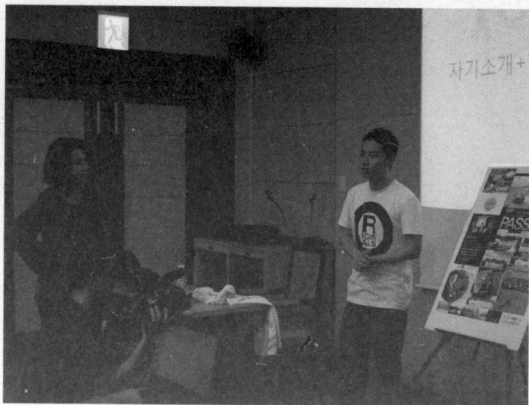

钟吾说，经过几十次失败，却依然可以继续的原因是"承诺"

梦想跨出的最后一步，所以你要坚强！"班森这么说道。我紧抓着他的背包，只盯着他的背往前走，但不时踢到石头又跌倒……

"挑战马拉松以来发生了很多变化。我的作品在公开赛里得奖、到海外当过义工、也被选拔为暑假实习员工。而我以后的梦想是成为伟大的榜样，帮助遇到困难的人发掘他们的潜能。我是跑完马拉松的姜相均，我的演讲就到这儿，谢谢大家。"

学生们一个接一个上台，讲述过去一年里充满感动的经历。有的学生说正在等待专利师的考试结果；梦想成了德行课老师的勤范，告诉大家他到女子高中当实习老师时，每天都受到明星般的待遇，令听众颇为羡慕；由于参加创业企划竞赛无法来这里的几位学生们，透过影片传达了自己的近况。

下一个，是带着"书呆子"封号、热络于演讲活动的大学生钟吾。他曾经说一年后要以自己的名字出书并且送给我，但是在不久前，他垂头丧气地发短信告诉我，"我向十几家出版社投送选题，可是都被拒绝了"，于是我回信告诉他，"那么就一直寄，直到有一百家出版社！"现在很想知道结果。

"我向几十家出版社投递过出版企划和稿子样张，不过都被以我不是名人、稿子风格与出版社不符等理由拒绝。到最后，有一家出版社接受了我的企划，而且在三个月后，这本书应该就可以出版了。"

学生们喝采着，我也同样感到心满意足了。钟吾拿起他带来的纸板，继续说：

"目前为止我演讲过九十三次、到海外当过义工、曾在报纸上被介绍过。当然，这个过程并没有那么容易，尤其我到大田地区演讲的时候，我母亲病倒了，我感到很大的压力。而且有一段时间，因为家里发生了问题，有好几个月是住在仓库里的。尽管如此，能够将这些克服下去的理由是……"

已经抵达了比自由峰低两百米的斯特来点。别人已经在下山途中，往山上走的只剩我一个。这个时候，忽然想到了我的队友们，"他们为什么没有下来？他们在几个小时前一定早就到达了……难道大家都在等我，所以没有下山吗？"想到了这个，我开始哽咽。海拔五千八百九十五米的山顶是氧气稀薄的地方，朋友们为了我在那里等上好几个小时，突然让我涌出超人般的力气，持续走了大约四十分钟。宽阔的四周，冰川映入眼帘，渐渐能看见山顶，然后我抵达了自由峰。果然，朋友们都正等着我。

钟吾从皮夹里掏出一个东西。

"我把去年在这个工作坊里，和寿映姐一起拍的拍立得照片放在钱包里，这一年当中，只要遇到困难就拿出来看。上面有寿映姐帮我写的'很期待钟吾的书出版'这句话，让我不放弃自己的梦想。我觉得，多亏有许多鼓励我的人，我才能走到这里。我是向大家传递正能量的梦想家金钟吾，谢谢大家。"

我没想到"承诺"可以成为如此强烈的动力。学生们通过这次的体验会提升自信，以后遇到任何困难都能够克服。一年的变化是如此，那么我访谈过的梦想家们在十年后，会带着什么样的人生与我见面呢？仅仅想想，便已让我充满期待。

很可惜，说过要减重三十五千克的同学，并没有出现。是不是觉得没有履行承诺而感到不好意思？我猜想，会不会有人因为其他几位同学的成就特别耀眼，因此感到自责。于是，我对他们说：

"梦想是指出人生的方向，不等于速度，即使在一年内没有把全部完成，也没必要觉得气馁或丢脸。另外，有时候梦想也会改变，但重点在于要认识自己想要的是什么，以及该往哪个方向走，这样的人生是不是才有价值呢？今天各位与我分享这些故事，真的很谢谢你们。"

已经到了晚餐时间。哲雄先跑去喝水，回来就在盘子上放了满满的食物，他一定很口渴吧！用餐时，大家看了钟吾与相均熬夜剪接的年终聚会纪录片；我不在的时候，同学们一直持续聚会，好互相打气鼓励，这让我很欣慰。在影片结束后，孝京老师讲述了一件事：

"我想告诉大家一件事情。我因为罹患的甲状腺疾病，身体很不舒服，好几次想过要不要辞职。可是这么一来，我就很无颜面对认真努力的梦想挑战队，因此过去几个月里真的是硬撑过来的。我今天看到大家在过去一年努力的样子，很令人满意。而从今以后的我，为了实现新的梦想，将在八月份离开济州大学。"

我心想，"促成如此特别缘分的孝京老师要离开济州大学了！是这位格外热情又充满爱心的孝京老师，让我爱上济州大学梦想挑战队的呢……虽然身体不舒服，但正因为老师人这么好，所以撑到了今天。"

我与孝京老师带着学生们到外面，将蜡烛排成"梦"的字样，然后围成一圈坐下，我提议大家一起牵着手，轮流说出不只是一年，而是十年后的梦想。说出梦想的学生们，眼睛像蜡烛般闪烁，有些同学甚至流下了眼泪。

这是很充实的一年，这一年的经验，会成为实现未来十年、二十年、三十年、五十年后梦想的养分。我们每个人都互相拥抱，包括相均、哲雄、钟吾、慧仁以及孝京老师。

在乞力马扎罗的山顶上，大家边哭边抱在一起。借着其他登山客的帮忙，我们拍下团体照，履行了承诺。朋友们在氧气这么稀薄的地方，决定等待不知会不会来的我，应该不是个容易的决定，因为连体力最优秀的麦可安杰立的头都痛了起来，而东尼的肺也让他开始咳嗽。然而，他们却没有一个人想过要下山，大家说："我们说好了大家要一起拍团体照的。寿映会履行承诺，所以等她吧。"等了将近两个小时的朋友们，让我满心感谢，不断地流泪。

正如小野洋子曾说过："一个人做的梦只不过是梦想而已，然而与大家一起做的梦则会成为现实。（A dream you dream alone is only a dream. A dream you dream together is reality.）"我们一起拥有梦想并一起实现，甚至为了兑现承诺几乎超越了身体的极限。

世界上有多少我还没有认识的梦想与珍贵的缘分？日后我们会让几个梦想成真？我们还会经历多少生命的奇迹？在往济州机场的车上，我做了一个决定。我按下遗忘已久的电话号码：

"你好，是我。过得好吗？同事们都挺好的吧？对，我

谈到梦想时，学生的眼睛像蜡烛般闪烁

刚结束了一年的旅行。当然呀，托你的福，一切都很顺利结束了，其实这是到目前为止，我人生里最好的一年呢。所以我想说的是，那个时候你说过的一千块英镑（约九千四百元人民币），你不用给我了啦，请你把它拿去用在和家人共度的旅行上。哦，什么？你早就知道我会这样，所以已经花掉了？哈哈哈！对啦，我决定要继续进行这个'梦想旅程'，所以也不太可能回公司去了。在新大陆有新的梦想正在等候着我，在这个地球上有很多我想认识的人，和想认识、分享、实现的梦想……"

我们终于做到了。一个人做的梦只不过是梦想而已，然而与大家一起做的梦则会成
为现实

EPILOGUE

·

后记

活在我内心的
三百六十六
颗心脏

开始采访梦想以来，到今天2012年6月1日，刚好是第三百六十五天。在最后一场采访，也就是访问金正子阿姨（当她说完："我想多学习，好让大家多吃点海草与海鲜"）之后，结束了这三百六十五天的旅程。为了庆祝这件事，那天晚上我与济州大学梦想挑战队的朋友们，一起去了梨湖泰乌海边。

波涛声、闪烁的海岸线，木马形状的灯塔隐隐发出的光线十分浪漫。趁现在将我们带来的几十个孔明灯升上去，一定没有比这个还更棒的了！我们将纸做成的孔明灯展开，在上面写下自己的梦想后点燃火种。原本我以为只要点火便很容易让孔明灯飘飘飞上去，然而海边风势很大，而且孔明灯的纸也被烧到。看来为了要升起一个孔明灯，非得好几个人一起绞尽脑汁才行了。刚开始的时候，不是一下子把纸灯弄坏就是让纸灯被烧掉，弄得乱七八糟。在慢慢揣摩出技巧后，一个一个孔明灯便成功升上去了。

"哇，好漂亮哦！"

"你看，你看，一直努力就可以做到嘛！"

看着往天空飞去的孔明灯，过去一年的记忆在我脑中一一浮现

"对啊。而且，大家一起做比自己一个人做更容易，可以大家一起开心是幸福更幸福的事。"

我心想，"对，我们的梦想应该就是这样"。看到乘风飞去的孔明灯，让我回想刚开始企划这个计划的时候。那时聚集了朋友们，向他们讲述的时候像是冒险计划的兴奋、收到许多回绝的电子邮件带来的失望、因为恐惧会不会沦为失业者而惶惶不安、当"梦想资助计划"竞赛成绩低落时的挫折、公司同意停薪留职时的安心；得到"梦想资助计划"奖金与纪录片制作案的欢喜……

因为不容易，因为经历了很多艰难，因为不是出于别人要求而是为了实现自己的梦想，所以想更努力，也想与很多人一起分享。就是这样，所以这些日子如此特别、令人感动。

"哇，最后一个孔明灯也开始飞了！万岁！万岁！"陷入思考的我往四周看去。不知道是纸灯带来的隐隐微光的关系，还是因为与他们一起有了特别的回忆？这一瞬间，在我身旁的这些人看起来美得不能再美。往高远天际飞去，像星星般闪烁的孔明灯，与在我周围珍贵的朋友们……像电影场景般幸福的此刻，从我的口中轻轻哼唱出一首歌。那是我在孟买过三十一岁生日时，作曲家朋友曼蒂即兴为我写的歌，感觉就像当前这幕电影的配乐。

DREAM OF A BEAUTIFUL LIFE（美丽生活之梦）

Dream Dream 做梦吧

（副歌）

You dream I dream 你有你的梦想，我有我的梦想

We dream of a beautiful life 我们共同梦想美丽的生活

When the sun goes high up in the sky 当太阳高高升起时

When the moon smiles in the night 当月亮在夜晚微笑时

You dream I dream of a beautiful life 你和我都梦想美丽的人生

When the wind starts blowing 当风吹起时

And the birds start showing and the trees dance on their own 鸟儿开始出现、树木也在跳舞

You dream I dream of a beautiful world 你和我梦想着美丽世界

（副歌）

Just keep dreaming on and believing in what you want

from this wonderful universe 请你不断地梦想并相信你会从宇宙中得到想要的

Inspire everyone to dream 请带给每个人做梦的灵感

My friends, spread some love and happiness 我的朋友，请将爱心与幸福传递

That's the only way my friends, we can make the world a place which is better and beautiful 我的朋友啊，这是我们唯一能让这个世界变得更美好的方法

So dream dream 所以请你拥抱梦想吧

在济州岛画下了梦想全景图三百六十五天的终点，我回到了首尔，在市政府前面广场及光华门附近，与为我打气鼓励的一百多个人一起跳舞，举行"梦想大游行"。2012年7月8日，在SBS电视台播出了由金镇赫制作人花了一个月全力剪接的特别节目——"我这样活着：金寿映的梦想全景图"。当见到字幕打着"摄影：金寿映"与"旁白：金寿映"时，我不好意思的脸红起来，然而原本对摄影与录制一窍不通的我，能这样完成一件作品，也让自己相当感动。当然，这一切不是结束，未来还会有更多故事，也要分享更多梦想。

撰写这本书的期间，我回到了我的故乡丽水。每天在海边的一家咖啡厅里写文章，当太阳下山后沿着丽水的海边走着，回忆着过去一年里我所接触到的诸多的海洋、沙漠、山与都市，还有在那些地方相遇的无数缘分。过去的三百六十五天发生过很多事，而让我感到最骄傲的，是我问了并聆听了其他人的梦想。

认为梦想是一种奢侈的人、觉得丢脸而不敢说出梦想的人、认为建立梦想为时已晚的人、担心自己梦想太多的人、无论处在何种困境也不放弃梦想的人、将梦想一个个实现的人、与别人分享更多梦想的人……我心无偏见地倾听了每一位的梦想，在这个过程里我也成长了不少。

我成长的第一个关键词，是"感恩"。曾经，我认为自己活得比别人辛苦，但见到世界各地的人们、观察大家的生活后，发现没有谁是活着没有痛

在市政府前面广场举办的"梦想大游行"

苦的。失去挚爱、身体不舒服、没有钱、没有自由因天灾失去一切、为了家人牺牲自我……

在这个地球上有诸多的希望与梦想，但我看见痛苦与悲伤也很多。但是，这些让我明白，当遇上试炼时以不同的态度面对和行动，将会带来命运的改变。有些人因一次的不如意而放弃一切，也有些人则是身处在难以想象的困难中，仍以"无论如何"的态度不肯放弃，为了梦想前进、为自己的生命做出选择。走在梦想之路的人，面对痛苦也淡然以对，将痛苦视为梦想成就的过程，但选择现实之路的人，总是叹气抱怨这个世界多么不公平。我也是一样，生活里有过很多曲折，然而因为克服过这些，才能拥有自己想要过的生活。我的家人都很健康地活着，我自己也很健康，接受了高等教育，这些不正是莫大的幸运吗？我甚至能到地球的各个角落实现梦想，在各处倾听人们的生活、梦想、痛苦与喜乐，简直像是地球上少有、百分之零点零零零一的幸运儿。因此我半开玩笑地说："我是环游世界询问别人梦想、拥有世上最棒职业的幸福人！"能过着自己选择的人生，这让我充满了感恩。

第二个关键词是"爱"，对人的爱。以前我认为"我是我，你是你。我的家人、朋友、我周遭的人才是'我们'"，因此对过着不同生活的其他人从未特别关心过。然而因为这个计划，我与过着各种生活的人见面、与之谈话，进而产生对于人和生命的爱。你我虽然各自经历着不同的人生，但是每个人都有说不出来的心酸与令人雀跃的梦想，所以，我开始不以他们的现况去想未来，而是用温暖的眼光来看他们的人生与一切的可能。

很神奇的，当我带着爱来对待别人时，人们也将爱心回馈予我。我常常只是一言不发地倾听他们的故事，但他们却对我表示感谢。也许说出梦想这件事，本身就是相当亲密的行为；尤其是被忽略的人们，会特别珍惜有人关心他们的人生。曾有一位少年这么告诉过我：

"我绝对不会忘记寿映姐你的，因为你是第一个问过我梦想的人。"

到现在我仍然与许多在这项计划中认识的人们保持联络。每当更进一步

进行这项计划的过程中，我学到感谢、爱与勇气，也从中获得了
成长

接近梦想时，他们会以兴奋的声音传来好消息，我也为此感
到喜悦。也因为这样，现在我的心里，好像有另外三百六十
五个心脏一起活着。三百六十六颗心一起跳动的每一天，真
是丰富无比。

倘若你向珍惜的人、想亲近的人、经历困难的人问问他
们的梦想，同时也为实现梦想鼓励这些人，你会看见他们的
眼睛开始发亮。要是大家垂头丧气地说："我这种人哪有什
么梦想"，那么，请将这本书递给他。当你握住他们的手，
告诉他们"我相信你一定会实现你的梦想"时，他们一辈子
都不会把你忘记的。

第三个关键词，是在全世界任何地方都能生存下去的自
信，也就是"勇气"。在展开这次计划前，我已经旅行过五

很神奇的，当我带着爱来对待别人时，人们也将爱心回馈予我。我常常只是一语不发地倾听他们的故事，但他们却对我表示感谢。也许说出梦想这件事，本身就是相当亲密的行为

十多个国家，可是带着明确目的的旅行与单纯的观光旅行相比，在时间与经验上的密度截然不同。因此，过去一年是我人生到目前为止最刺激的一年；由于挑战得很刺激，所以也痛得很剧烈。一想到在孟买度过的日子，到现在还是爱恨交加；在缅甸尝到没钱的困苦；在喜马拉雅山的四十八小时在神处徘徊，依旧让我心有余悸。回忆起来，相较于单纯快乐的日子，在辛苦的瞬间与当时遇到的人共同留下的记忆，反倒活生生地存在我心里。这些经历升华为自信与勇气，让我相信将来无论走到哪里都可以过得下去，因为我深信，之后在世界各地所认识的新朋友们，也会与我一起同甘共苦的。

虽然曾有百分之一的人让我感到辛苦，但也有其他百分之九十九的几千人，为我这个人生地不熟的异乡人提供帮助，使我得以将这个计划成功地完成。从前我幻想的玫瑰色世界是不存在的，然而，我发现了充满各种想象不到的机会与缘分的彩虹世界。

· · ·

二十岁前的我，是长期在黑暗中挣扎、好不容易从蛋里钻出的毛毛虫；二十几岁的我，只不过是只温室里的蝴蝶。而在过去一年里，经过森林与沙漠、穿越山与海的我，进化为拥有健壮翅膀的鸟儿。今后，我想张开更坚强的翅膀，在这个世界里自由翱翔。

我希望我在这世界的某一部分边旅行、边收集的这些梦想种子，能在你的人生里发芽。我希望你用老天赐下的灿烂阳光、新鲜的风、湿润的雨水与温暖的土壤，开出世界上最美的花，结出最甜美的果实；也希望你将果实里冒出的种子再与别人分享。此外，我期待散播在世界各地的种子能持续不断地发芽，变成梦想的花园。在我等待那一天到来的同时，我还想以在过去的三百六十五天里我问过三百六十五个人的问题，来问问你：

"你的梦想是什么？"

世界角落里，
怀抱梦想故事
的人们

　　从2011年6月3日起至2012年6月1日，我在二十五个国家里问了三百六十五个人同一个问题："你的梦想是什么？"我听到很多平凡而特别的故事。

　　我去的24个国家包括：英国、法国、意大利、希腊、土耳其、格鲁吉亚、亚美尼亚、乌兹别克斯坦、阿联酋、阿曼、卡塔尔、伊朗、黎巴嫩、约旦、以色列、巴勒斯坦、印度、泰国、缅甸、新加坡、尼泊尔、中国、日本、韩国。

　　我留下过足迹的都市有伦敦、巴黎、罗马、索伦托、卡帕多奇亚、埃里温、布哈拉、迪拜、伊斯法罕、孟买、曼谷、曼德勒、西安、北京、台北、东京、济州等92个。这等于是每隔四天就在另一座新的城市里醒来。

　　我与印度人、中国人、泰国人、乌兹别克斯坦人、德国人、法国人、澳大利亚人、非洲人、阿富汗人、西班牙人、巴西人、墨西哥人、希腊人、尼日利亚人等67个国家的人见过面。

除了地铁、公交、火车以外，也得利用人力车、马车、骡子车、骆驼、耕耘机、热气球、轻型飞机等各种交通工具。

从四岁小朋友到八十七岁奶奶，我访问对象的平均年龄为33.33岁。

这些人从事着各种职业。他们的职业包括：修女、肚皮舞女郎、椰子小贩、画家、海女、船长、喜剧演员、家庭主妇、模特、按摩师、风险管理师、发型设计师、摄影师、大象饲养员、僧侣、彩票销售、律师、农民、烹饪讲师等。

写下"梦想在自己的领域里成功"的人，共有94位。这些领域包括：专业翻译、医生、体育教练、彩妆师、商店老板等。

写下"梦想与所爱的人一起过幸福的生活"的人有78位。而他们的梦想是成为母亲、组成幸福家庭、与所相爱的人共度一生、成为好爸爸、与家人一起旅行等。

写下"想要做自己喜欢的工作"的人有55位。他们写着：每晚能登上舞台、制作感动全世界的电影、跳舞唱歌、去做目前所能想到最令人兴奋的事等。

共有43个人写自己梦想去旅行或冒险。包括：环游世界、看埃菲尔铁塔、坐帆船环游世界、去西班牙巴塞罗那看足球赛等。

　　有30几个人写下想要让世界更美好。如为世界和平作贡献、为女性与小朋友成立辅导中心、参与慈善活动、以摄影改变世界、帮助别人变得幸福与健康等。

　　有34位表达自己梦想内心的幸福与和平。包括：爱心、和平、喜悦、自由等。

　　也有20个人的梦想是拥有更多的物质。包括：在乌干达盖一栋很好的房子、成为百万富翁、赚更多钱等。

　　表达自己已经实现梦想的人共有4位。

他们也喜欢
这本书

金寿映给我的第一印象，是个能够唤醒别人内心里沉睡星光的女生。而现在，她想在每个人的内心里燃起火苗。我想将这本书推荐给希望点燃心中星光的所有读者们。

——李志成（《筑梦的阁楼房间》作者）

在成就梦想的过程里，不见得一定要有什么榜样。但若有人走在从来没人踏过的路上，其留下的足迹便能成为旗帜，将梦想着陆在干涸的现实之地。这本书是金寿映边收集世人的梦想、也同时成就自己梦想的记录。若你是拥有梦想的人，在与她一起经历的这趟旅程中，或许也会得到经验，能在自己这块荒地也插上旗帜。

——南仁淑（《二十几岁，决定女人的一生》作者）

一切奇迹的开始，就是梦想将不可能的事情化为可能。即使失败也不垮掉，将失败当作踏板重新一跃而上时，奇迹才能发生。带着七十三个梦想向这个世界挑战的金寿映，就是证据，她让我们看见奇迹是如何发生的。我真心希望在韩国有更多这样的年轻人。

——尹富根（三星电子社长）

对于认为梦想是一种奢侈、在绝望的黑暗阴影中叹气的人而言，这本书给了既简单又强烈的讯息：青鸟并不是在远处。金寿映让我筑梦了。

——安善英（韩国著名媒体人）

啊哈哈哈哈哈！寿映的故事传达了像食谱般多样的逆转人生。不禁要令人赞叹，这不是因为状况与环境使然，而是要归功于这些状况与环境！一打开这本书，也就打开了人生的紧急出口！在汇集全世界的梦想的这本书里，希望能让很多人得到热腾腾的力量！

　　　　　　　　　　　　　　　——卢洪哲（韩国著名媒体人）

听说自己一个人做的梦就只不过是梦，但与大家一起做的梦会成为现实。当我自己内心怀着梦想的时候，曾经不安、怀疑能不能做到。但认识了寿映姐之后，我学会了将梦想变成现实的秘方，现在能感觉到自己一步又一步地接近我的梦想。国民梦想家，不，"地球村梦想家"寿映姐是我最好的榜样。

　　　　　　　　　　　——Wonder Girls誉恩（歌手）

我们现在需要的就是像金寿映这样的人。不需要伟大的口号或名气，只为了"自己的梦想"积极过日子的人，是充实自己、让自己成为别人的良药与动力的人。金寿映的计划带给我们振奋、刺激以及可学习的材料。看完了这本书，我更领悟到了一件很重要的事："她才三十出头而已！"我很好奇在几年、几十年后的她，会在经历多少事情和变化后，再度出现在我们面前。

　　　　　　　　　　——金镇赫制作人（金镇赫工作坊负责人）